ZHONGGUO CHENGSHIHUA JI
ZHIBEI FUGAILÜ DE SHIKONG YANBIAN
JI YINGXIANG YANJIU

中国城市化进程中
植被覆盖率的
时空演变及影响研究

史永姣 著

🔶 吉林大学出版社
·长春·

图书在版编目（CIP）数据

中国城市化进程中植被覆盖率的时空演变及影响研究 /
史永姣著. -- 长春：吉林大学出版社，2024. 7.
ISBN 978-7-5768-3458-1

Ⅰ. Q948.52

中国国家版本馆CIP数据核字第2024K45Q14号

书　　名：中国城市化进程中植被覆盖率的时空演变及影响研究
ZHONGGUO CHENGSHIHUA JINCHENG ZHONG ZHIBEI FUGAILÜ DE SHIKONG
YANBIAN JI YINGXIANG YANJIU

作　　者：史永姣
策划编辑：殷丽爽
责任编辑：殷丽爽
责任校对：李适存
装帧设计：雅硕图文
出版发行：吉林大学出版社
社　　址：长春市人民大街4059号
邮政编码：130021
发行电话：0431-89580036/58
网　　址：http://www.jlup.com.cn
电子邮箱：jldxcbs@sina.com
印　　刷：廊坊市海涛印刷有限公司
开　　本：787mm×1092mm　1/16
印　　张：9.75
字　　数：150千字
版　　次：2024年7月　第1版
印　　次：2025年1月　第1次
书　　号：ISBN 978-7-5768-3458-1
定　　价：72.00元

前　言

　　随着中国城市化由高速增长阶段转向高质量发展阶段,生态文明建设成为引领中国经济社会发展的重要内容。作为生态文明的重要组成部分,植被覆盖水平的高低直接关乎城市化的质量水平和城市的可持续发展水平。虽然当前我国已进入加快绿色化、低碳化的高质量发展阶段,但是植被资源的长期过度消耗所造成的生态环境问题,成了制约我国经济社会高质量发展的主要原因之一。尽管一系列国土绿化保护与建设的措施有效遏制了植被资源枯竭,但是植被的自然属性决定了植被资源的恢复是一个漫长、复杂的过程,彻底解决植被生态环境问题必须将城市化进程与植被覆盖置于同一个可持续发展框架下,才能实现二者的协调发展。在此背景下,基于城市化进程不断提升中国植被覆水平的问题将有助于实现城市化的高质量发展与植被生态的内在一致性,从根本上解决植被覆盖发展中的一系列问题。因此,以植被覆盖的时空演变情况为基础,重点探讨城市化进程与植被覆盖内在的主要逻辑关系、动态演变特征、因果关系及传导路径,并在实证上进行量化分析,进而提出相应的策略路径显得尤为必要。

　　本研究在已有相关研究成果的基础上,首先论述了城市化、城市化进程、植被、植被覆盖的概念内涵,介绍了与本研究密切相关的可持续发展理论、生态现代化理论、紧凑城市理论、环境库兹涅茨曲线假说,并阐明了各项理论对本研究的指导意义;其次,从中国城市化发展和植被覆盖格局的形成着手,对城市化发展与植被覆盖格局影响因素进行分解和重构,形成城市化进程与植被覆盖的主要逻辑机理框架,从道路建设、产业结构升级、保护政策的角度对城市化进程对植被覆盖的效应机理进行探讨,为实证分析提供良好的逻辑基础;再次,利用归一化植被指数数据,分别从时间和空间层面对 2000　2010年中国植被覆盖的时空演变趋势进行直观分析,进一步运用 Dagum 基尼系数和 Kernel 密度估计等方法分析植被覆盖的区域差异和时空动态演变情况;在此基础上,将城市化进程展开为城市化速度和城市化质量两个侧面,其中城市化质量从经济发展、基础设施、居民生活、社会发展、生态环境五个维度构建综合指标,探究城市化进程对植被覆盖的影响效应;进一步,探究城市化进程对植被覆盖的传导路径并进行检验,实现效应评估与路径识别的双重目标。同时,利用门槛效应探究城市化进程与植被覆盖的非线性关系,进一步掌握城市化进程中植被覆盖的时空演变规律与潜在趋势。最后,基于以上研究结论,提出提升植被覆盖水平的策略路径。

研究结果表明:近20年间,我国植被覆盖整体呈现波动上升的趋势,在空间上呈现出"东部高、西部低"的整体分布格局,从东到西我国生态脆弱性增强。从整体差异来看,中国植被覆盖的总体地区差异呈现缩减趋势。从地区内差异来看,东部地区内部差异呈现增加趋势,中部、西部和东北地区内部差异呈现减小趋势。从地区间差异来看,除东部、东北地区区域间差距在不断扩大,其他地区整体上差异基本保存不变或差距在逐渐缩小,区域间植被覆盖发展协调。从地区差异来源及贡献率来看,区域间差异是植被覆盖差异的主要来源,并在波动中逐渐下降;从全国植被覆盖的时空动态演变来看,全国植被覆盖在提高且表现出绝对差异减小的趋势。从区域的时空动态演变来看,除西部地区植被覆盖两极分化趋势越来越明显,存在区域差异且绝对差异并未有缩小的趋势,其他东部、中部和东北地区,植被覆盖整体在提高,且表现出绝对差异不断缩小的趋势;城市化进程中的城市化质量对植被覆盖水平具有促进作用,但城市化速度对植被覆盖没有显著影响。从不同区域来看,城市化质量对中部、西部和东北地区的植被覆盖水平有显著的促进作用,而对东部地区没有影响。从城市化质量中的经济发展、基础设施、居民生活、社会发展、生态环境的五个维度来看,五个维度对植被覆盖水平均有积极促进作用。此外,城市化进程对植被覆盖的促进作用主要通过道路建设、产业结构升级和保护政策效应的传导路径来实现。进一步拓展分析发现,城市化进程存在显著的门槛效应,城市化进程与植被覆盖存在非线性关系,城市化质量的提高有利于植被覆盖的水平提升。

目　录

1 绪 论

1.1 研究背景

全球城市化与生态环境变化对学者们和政策决策者来说一直是一个具有全球重要性的战略问题,并且随着城市化进程的不断发展,生态环境已经成为各国不得不面对的重要问题。经济进步是否伴随着不可避免的环境成本? 这在有关经济发展和环境保护的文献中,一直是一个有争议的问题[1][2][3],而城市化则被视为经济发展和人口增长的结果。近年来,空气污染、气候变化、土壤侵蚀、生物多样性丧失和城市宜居性等问题越来越引起人们对城市发展与生态环境之间关系的关注。植被是陆地生态系统不可或缺的重要组成部分之一,也是生态系统中能量流动与物质循环的中枢,而且也为人类社会经济活动提供了重要的资源。同时,在生态环境质量评价中,植被是评价生态环境质量的重要参数[4][5][6],植被覆盖状态的改变很大程度上反映了区域的生态环境状况[7]。现有研究表明,城市化对植被既有积极影响,也有消极影响。一方面,城市化会以各种方式破坏植被,例如城市化增加定居点和工业用地面积,导致耕地等流失[8][9][10]。同时,城市化和工业过程,会增加对木材的需求,导致森林砍伐和自然栖息地的大量丧失[11][12]。另一方面,与农村地区相比,城市化还可以通过施肥、灌溉、气温上升和更高的大气氮沉降对植被产生积极影响[13][14][15]。此外,城市化过程中也能够出台更积极的制度政策来促进植被恢复。因此,考虑到这些相互矛盾的影响,我们对城市化与植被退化或恢复之间关系的理解仍然有限。

在过去 20 年中,为了减少水土流失、荒漠化和沙尘暴等现象,我国实施了大规模的国土绿化项目,包括天然林保护、退耕还林还草、防护林体系建设、社会绿化和城市绿化[16][17]。最近的卫星数据表明,中国在"绿化"地球方面处于领先地位。中国占全球植被面积的6%,但中国占全球植被叶面积净增长的25%,这主要归功于成功的土地利用管理(例如造林和农业集约化)[18]。然而,研究也表明,城市化也可能导致植被的退化。从现在起到2035年,是我国基本实现社会主义现代化和美丽中国目标的重要时期。提升植被覆盖水平,促进城市化与植被覆盖协调发展问题将成为我国城市化发展和生态文明建设的关键。

(1)植被覆盖水平的提升是保障国家生态文明建设的关键之一

改革开放以来,我国经济增长取得了举世瞩目的成就,我国国内生产总值从1978年的0.36万亿元上升到2018年的90万亿元,其中,1979—2018年年平均增长9.4%,远高于同期世界经济2.9%左右的年均增速。然而,在取得经济快速发展的同时,我国生态环境破坏的程度却在加剧,从1991年到2013年我国一直处于生态赤字状态,对大自然的索取已经达到了大自然承载力的约3.4倍[19]。同时,国土是生态文明建设的空间载体,国土绿化在生态文明建设中处于基础和先导地位。近年来,我国国土绿化取得显著成效,但也在某些领域面临受到严峻挑战。党的十九大报告对生态文明建设提出更高要求,强调"坚持人与自然和谐共生"。2018年11月,全国绿化委员会、国家林业和草原局颁发了《关于积极推进大规模国土绿化行动的意见》(以下简称《意见》)。《意见》指出:"推进大规模国土绿化,大面积增加生态资源总量,持续加大以林草植被为主体的生态系统修复,有效拓展生态空间;大幅度提升生态资源质量,着力提升生态服务功能和林地、草原生产力,提供更多优质生态产品;下大力气保护好现有生态资源,全面加强森林、草原、湿地、荒漠生态系统保护,夯实绿色本底,筑牢生态屏障。"由此可见,植被覆盖的水平是生态文明建设的基础,植被覆盖的高质量发展是保障国家生态文明建设的关键之一,是推动形成人与自然和谐发展新格局的重要保障。

(2)城市化为我国经济发展提供了重要的推动力

中国作为世界上成长最快的经济体,城市化过程发展迅速,城市化率由1978年的17.9%上升到2007年的44.9%,到2011年中国城市化率已经达到50%,中国超过一半的人口居住在城镇地区,2020年第七次全国人口普查结果显示,我国城镇人口占比63.89%。过去几十年,由于地方专业化要素促进了生产力的提高,城市经济发展迅速。集聚经济意味着城市的产业集聚带来的效率优势,被认为促进了经济增长。城市化提高了生产力,增加了人均GDP。从GDP总量来看,2019年上半年TOP20城市经济总量达到16.16万亿,全国贡献比高达35.84%。2006年,上海成为我国首个GDP跨入万亿的城市,到2020年万亿城市已增至23个,经济总量合计占全国的38%左右,为我国经济发展带来巨大活力。可见,中国城市地区对国民财富持续增长,并逐渐成为国家经济产出的主要贡献者。城市化对经济增长的主要动力有以下几个方面:第一,城市地区基础设施和服务设施集中,与农村相比,良好的基础设施为城市带来更高的生产率和更高的回报率。地方政府为了更好的发展,制定了新的土地利用政策,以促进物流、基础设施和港口的合理化发展,以确保生产中心和市场之间的联系,商家因互惠互利而聚集在一起,由此产生了一系列积极的外部效应,包括创新激励、信息交换、投入增长和技术分工等,即所谓的集聚经济。第二,由于廉价的劳动力成本和巨大消费市场的吸引力,中国吸引了大量的外商直接投资,此类投资主要发生在有优惠和税收减免的城市和经济特区。同时,对制造业的境外投资可以导致人口和商业的集聚,这也促进了当地就业,同时带来了新型的、更有效率的生产技术,进而提升了经济产出。中国的巨型城市化区也是制造业部门中的外商直接投资的空间衍生品。因此,城市已经成为国家经济的主要推动力。

(3)城市化的快速扩张已经成为经济发展与生态文明建设的掣肘

长期以来,快速的城市化扩张为工业化和经济增长提供了强劲的动力,但是却面临着环境污染、土地退化等生态可持续发展问题。如今中国的城市化模式不同于以往发达国家,形式更为复杂,其城市化发展阶段是历史最短的,因而很多问题挤压在一起。实际上,在现代城市化进程中,往往伴随着很多环境污染和生态破坏等问题,尤其是城市面积扩张导致的植被破坏问题,人口增长导致的自然资源消耗问题,工业化进程带来的环境污染问题,生态建设存在的区域差异问题,等等。这些问题都是城市化过程中产生的尖锐问题,往往对区域生态环境产生了严重影响,使得城市化的快速扩张成了经济发展与生态环境建设的掣肘。

综上所述,生态环境的建设、城市经济的可持续发展都与植被覆盖水平有密切的关系。如果植被覆盖水平不能得到有效恢复和提升,生态文明建设就难以推进。因此,城市化进程与植被覆盖的关系已经成为政治界和学术界关注的重要问题。而在全球城市化的背景下,我国城市化进程发生了巨大变化,势必会在全国范围内对植被覆盖产生影响。而城市化进程对植被覆盖存在负外部性和正外部性:在许多地区,快速城市化过程中占用大量生态用地,其中一部分被改造成为不透水的表面,以支持人类居住、道路和其他基础设施;同时,城市化过程中大量的农村劳动力转移到二、三产业,导致农村土地闲置,森林得以恢复;此外,随着经济增长和居民环保意识不断提升,城市能够通过制度政策的变革等措施,可以增加和恢复植被资源,使得城市化与植被覆盖协调发展,尽管城市化过程中带来了负担,但也会对植被覆盖水平带来正的外部性。因此,有必要对我国近期的植被覆盖时空演变情况、城市化进程与植被覆盖的影响关系以及城市化进程对植被覆盖的传导路径展开深入分析,这不仅可以支持城市化进程与植被覆盖的相关关系的认识,而且有助于为国家制定合理的国土绿化建设、土地利用及生态环境保护策略等提供科学依据。

1.2 研究目的与意义

1.2.1 研究目的

为考察中国城市化进程中植被覆盖的时空演变及影响效应的问题,本书的研究目的至少应从以下三个方面展开:

第一,准确把握中国植被覆盖的时空演变情况。近年来,中国的植被覆盖水平在持续上升,引起了世界范围内学者们的关注。而近年来,学界对中国植被覆盖的时空演变情况,尤其是区域差异及动态演进情况研究较少。因此,本书的研究目的之一:准确把握中国城市化进程中植被覆盖的时空演变、区域差异及动态演进情况,为后文分析城市化进程与植被覆盖的影响关系奠定基础。

第二,厘清城市化进程对植被覆盖的影响作用及区域差异。城市化进程不仅对植被覆盖有促进作用,而且对植被覆盖有破坏作用。此外,由于各地区的经济结构、资源禀赋等存在差异,使得二者之间的关系更为复杂。因此,本研究的一个重要研究目标是解决如下问题:其一,中国城市化进程如何影响植被覆盖,对植被覆盖是促进还是抑制作用;其二,城市化进程对植被覆盖

的影响是否存在区域差异,与各区域的影响关系是怎样的;其三,城市化进程
与植被覆盖是否存在更为复杂的非线性的影响关系。

第三,揭示中国城市化进程对植被覆盖的传导路径。以往研究主要关注
城市化进程与植被覆盖的空间关系研究,而没有打开城市化进程对植被覆盖
的传导路径,无法准确观测到其内在机制影响。本书以中国城市化进程为背
景,提出城市化进程如何提升植被覆盖水平,帮助探索中国城市化进程对植
被覆盖影响的传导路径。

1.2.2 研究意义

本书研究在全球城市化和我国生态文明建设的现实背景下,通过对中国
植被覆盖的时空特征刻画,揭示现阶段城市化进程与植被覆盖的影响关系,
并在此基础上通过城市化对植被覆盖的传导路径分析,以及城市化进程与植
被覆盖的非线性关系的分析,试图探寻推动我国城市化高质量发展,提升植
被覆盖水平的策略,本研究对于丰富可持续发展理论、促进植被覆盖水平提
升具有一定的示范意义和实践应用价值。

1.2.2.1 理论意义

第一,从经济学的视角出发,将城市化进程纳入植被覆盖的影响研究中,
拓展城市化与植被覆盖的分析框架。城市化进程与植被覆盖过程是经济规
律和自然规律交互作用下的客观体现。以往,国内外学者利用植被数据对植
被覆盖变化及其与气候变化的响应做了深入的研究,部分研究关注植被覆盖
受人为影响,而在人类活动中城市化是近30年来最为显著的活动。本书从
不同的角度考察植被覆盖时空演变的特征以及城市化进程与植被覆盖的因
果关系以及作用效果,在一定程度上丰富了城市化与生态环境关系的基础内
容和理论框架。

第二,将城市化进程展开为城市化速度和城市化质量两个侧面,推进了
城市化与植被覆盖关系的研究深度。打破城市化研究以往单一尺度的度量
标准,通过对城市化进程更精准的度量来开展其对植被覆盖的影响研究。在
规范梳理城市化进程对植被覆盖影响机理的基础上,通过选取恰当方法合理
地解释了城市化进程对植被覆盖的实际影响效果,为城市化进程与植被覆盖
协调发展的实证研究提供规范的理论依据,在一定程度上有助于深层次掌握

城市化进程中的植被覆盖时空演变规律。

1.2.2.2 现实意义

第一,有助于全面了解中国城市化进程和植被覆盖所处阶段,为准确把握城市化进程和植被覆盖时空变化提供数据支持。城市化进程与植被覆盖度的准确测度是判别自然环境和社会发展决策的重要依据。现有研究缺乏准确的判断和细致的分析,本研究通过多维度城市化进程指标构建和植被遥感数据的获取和处理,重新审视中国城市化进程和植被覆盖的变化特征,为政策制定提供数据基础。

第二,有助于全面了解城市化进程与植被覆盖的关系,实现人与自然的和谐共赢。本研究将分析中国城市化进程中的城市化速度和城市化质量,能够更好地辨析城市化进程与植被覆盖的影响关系。本研究能够回答中国城市化进程对植被覆盖影响的独特问题,为新兴经济体乃至世界范围内人与自然环境的和谐共赢提供借鉴意义。

第三,有助于理解城市化与植被覆盖变化的内在关系,提高区域生态环境质量。通过揭示城市化进程对植被覆盖传导路径的研究,打开两者内在的机制关系,精准分析国土绿化发展不平衡的问题。同时,推进城市化高质量发展,构建科学合理的国土绿化发展新格局。

本研究拓展了城市化与植被覆盖的相关研究,对于增强国土绿化建设水平,维护生态安全,推进城市化进程与植被覆盖协同发展,具有重要的实践应用价值。

1.3 国内外研究现状

本节旨在对城市化进程对植被覆盖的影响效应和机制研究所涉及的重要文献进行梳理和归纳,为下文的理论分析奠定理论基础。结合本研究主题所涉及的内容,文献综述主要包括两个部分,一部分为城市化与生态环境的相关研究,由于植被覆盖属于生态环境中的重要内容,因此梳理城市化与生态环境的相关研究,有助于深入分析城市化进程与植被覆盖的复杂关系;另一部分为植被覆盖的影响因素,由于植被既有自然属性又同时受到人类活动的干扰,因此从自然因素和社会经济因素两方面进行梳理和归纳。本书在每个部分的研究梳理过程中,综合了国内和国外相关研究。

1.3.1 城市化与生态环境关系的研究现状

近年来,城市化与生态环境的关系是大量学术文献的研究主题。地理学家、生态学家、环境学家和经济学家等都对本研究作出了贡献。到目前为止,城市一直是国家经济可持续增长的主要动力,各国政府优先发展城市化和工业化来实现经济增长和发展,这种模式必然会引起环境外部成本,但也有研究认为,一旦国家达到一定的发展水平就有能力解决环境问题[20]。可见,城市化对生态环境产生了严重的压力和深远的影响,但两者之间存在着复杂的关系,通过更加深入研究城市化与生态环境的关系可以深入了解当今城市的可持续发展问题。因此,本书首先回顾近年来城市化与生态环境关系的研究所取得的进展,梳理目前研究的热点和难点,为更好地分析城市化进程与植被覆盖的关系奠定基础。

1.3.1.1 城市化与生态环境的关系

(1)城市化与土地覆盖的关系

城市发展通常涉及剧烈的土地利用变化,因而严重破坏了森林、草地和湿地等植被覆盖区域,尤其是城市化和工业化进程直接和间接影响了生物多样性,并通过栖息地、生物量和碳储量的丧失影响生态系统服务功能。

在亚马孙河流域,城市化进程中的道路建设是亚马孙森林急剧减少的主要原因之一[21][22]。在巴西亚马孙地区95%的森林砍伐发生在道路5,5公里范围内[23]。在美国,大陆被森林覆盖的面积从2001年的787 055平方英里(1平方英里约等于2.59平方公里)下降到2006年的775 418平方英里,其中约1 265平方英里被建筑环境破坏,占新建筑环境总面积(4 884平方英里)的25%以上[24]。尽管全球森林在不断转换和退化,但近年来一些国家的森林覆盖率正在增加,人工造林和森林种植园促进了植被的恢复,如在中国和印度,植树造林和农业种植增加了植被覆盖的面积[25]。最近的研究表明,城市化对植被的影响存在明显的空间差异,城市化与植被NDVI的变化呈现明显的U形[26]。Wu Shuyao等人对全球城市地区与植被状态的关系研究得出,城市化与植被之间具有高度的异质性[27]。可见,在不同环境背景的地区,城市发展对植被的影响很可能不尽相同。这说明城市化与土地覆盖之间的关系非常复杂。

(2)城市化与生物多样性的关系

城市通常位于自然物种丰富的地区。据预测到 2030 年,全球城市土地覆盖面积将增加 120 万平方公里,几乎是 2000 年全球城市土地面积的三倍,这种增加将导致相当大的主要生物多样性热点地区的栖息地的损失[28],致使当地物种受到一系列的威胁。生物多样性丧失扰乱了许多生态系统过程,如群落结构和相互作用,并可能导致生态系统故障,从生物量的生产力降低到生态系统恢复力减弱[29]。目前全球生物多样性的丧失比古记录要快得多。据估计,全世界有 100 多万种物种面临灭绝的威胁[30]。Aronson 等人研究了最大的全球城市中两个不同分类群的数据集,发现鸟类和植物物种密度(每平方公里的物种数量)大幅下降,而这种物种密度的损失主要由土地覆盖、城市的人为因素影响,而不是由地理、气候、地形的自然因素影响[31]。

(3)城市化与气候变化的关系

气候变化对环境、社会和经济都造成了影响[32]。自 20 世纪 70 年代末以来,快速城市化是气候变化的一个重要原因[33],特别是在地区层面,城市发展的影响可能造成了 40% 以上的全球变暖[34]。Bart 评估了城市土地利用与交通排放趋势之间的关系,得出结论为以建筑物和道路覆盖面积的增加来衡量的城市蔓延,比人均 GDP 增长或人口增长的其他原因更能导致交通 CO_2 排放量的增加[35]。在过去的半个世纪里,中国记录的变暖几乎是全球平均气温的两倍,约占全球陆地平均气温趋势的三分之一[36]。Sun Ying 等人估计了中国城市化和其他外部影响对变暖的单独贡献,发现城市化对变暖的影响约占观测到的变暖的三分之一[37]。很明显,城市化的影响大大加剧了气候变暖。

(4)城市化与能源消耗和碳排放的关系

2006 年,尽管只有大约一半的世界人口居住在城市,但是城市却消耗了全球约三分之二的能源,产生了全球 70% 以上的二氧化碳(CO_2)排放量(以下简称碳排放)[38]。近年来,人们广泛关注了城市化与能源使用和碳排放之间的关系,一些研究表明,城市化增加了能源需求,产生了更多的碳排放[39][40],然而,也有学者研究表明,城市化和城市化密度提高了公共基础设施的有效利用,从而降低了能源使用和碳排放[41]。随后的研究表明,城市化与碳排放呈倒 U 型关系[42]。此外,城市化减少了低收入国家的能源使用,而增加了中高收入国家的能源使用,但无论发生在哪种类型的国家,城市化都会增加碳排放[43]。这些研究显示了不同甚至相反的结果,表明城市化、能源使用和碳排放之间的关系是复杂的。

（5）城市化与水资源的关系

快速城市化对水资源造成的两大挑战在于有限的水资源的分配和含水废物的处置。城市用水需求来自两个方面,一方面城市人口集中,人们生存需要用水;另一方面城市经济活动需要用水。过去的研究表明,随着城市人口的增长,城市供水所需的总水量也在增长。同时,城市经济发展也增加了人均用水量。为满足发展中城市的用水需求不仅需要大量优质的生活用水,而且还需要大量的工业生产用水。目前,尽管农业仍然是最大的用水者,估计占全球取水量的 72%,但是城市化和工业需求的增长将大于农业用水需求的增长[44]。2018 年,中国城市生活用水总量达到 859.9 亿 m^3,全国用水总量为 6 015.5 亿 $m^{3[45]}$。研究预测,中国的城市用水未来十年将增长 60%,中国的工业用水需求将增长 62%。此外,在伊朗塔詹河长达 10 年的水环境检测表明城市化程度较高的地区水质较差[46]。在中国太湖流域重污染区城市化与河流水污染呈现空间相关性[47]。可见城市化不仅造成了水资源的不足,而且污染加剧导致了水质下降,对社会和环境造成严重影响。

1.3.1.2 城市化与生态环境关系的研究方法与研究尺度

全球城市化对生态环境具有严重的威胁和深刻的影响,世界各国学者采用定性和定量相结合的研究方法,从不同角度、维度和空间尺度试图揭示城市化与生态环境的关系。在研究方法上主要分为以下几类:一类研究主要以遥感（RS）、地理信息系统（GIS）等地理信息技术为辅助,通过建立空间相关关系或是预测模拟模型来量化两者之间的关系。国内外学者倾向于将研究重点放在城市化与水、植被、生态、碳排放和生物多样性等单一要素的关系上,揭示单一要素之间的关系和规律。这类研究主要聚焦在地理学、环境学和生态学等学科。另一类研究主要采用统计分析的方法,通过指标体系、权重系数和主成分分析等方法,来构建城市化与生态环境系统的内涵,进而分析城市化与生态环境系统之间的耦合效应和协调发展问题。这主要是由于城市系统和生态环境系统是多维复杂的,而从单因素角度去度量已很难完成这种复杂现象的研究。另外,近年来,一些经济学家开始利用计量模型对城市化与生态环境进行了因果关系考察,例如邵帅等采用空间计量模型研究发现中国城市化进程加剧了雾霾污染[48]。

在研究尺度上,目前国内外研究不仅关注全球区域和国家层面的大尺度的宏观研究,同时还关注城市内部以及社区层面的微观研究。国内学者更倾向于使用全国、区域、城市群、省、市和县等行政区划的边界以及生态脆弱地区为研究对象,主要是揭示宏观变化特征。而国际相关研究同时也倾向于使用微观调查研究来反映城市人们生活和工作的方式对生态环境的影响,主要是以人为主题的城市内部社区尺度的研究,这种研究尺度能够更好地解释变化背后的复杂机理。

从以上文献梳理可见,城市化对生态环境的影响是深远的,影响了土地覆盖、生物多样性、气候变化、能源消耗、碳排放、水资源以及生态环境系统。几个可能的原因用于解释城市化对生态环境的影响:首先,近几十年来,一些发展中国家经济发展的步伐远远快于已经完成工业化的发达国家,城市化以前所未有的速度快速推进,发达国家曾经经历了很长的时间应对生态环境问题,而发展中国家却要在很短的时间内应对这些问题,这也造成了城市化应对环境污染的挑战加剧。其次,全球化过程中,大量的外国直接投资、低技术型、环境危害型产业大规模迁入一些发展中国家,这一方面导致当地农村人口大量涌入城市,为城市经济提供了人力资源,另一方面也加快了城市化的速度,而这也往往伴随着沉重的环境代价。最后,城市在追求经济增长的过程中,并没有对经济发展和生态环境变化问题给予足够重视,对于新兴工业化国家来说,城市的快速扩张集聚了区域内大量的城市人口,同时也面临严重的环境和发展问题。

由于全球城市化与生态环境变化的累积性和复杂性,两者还有很多重要的内容有待后续研究。首先,现有研究集中在城市化对某一生态环境影响的研究较多,尚缺乏城市化进程对生态环境的研究,而城市是由多要素组成,多要素地综合定量研究城市化将更有利于准确识别两者之间的关系。其次,现有研究集中在城市化对生态环境的胁迫研究,而事实上两者之间实际上呈现一种更为复杂的影响过程。因此,未来的研究应更加细致地考察城市化对生态环境的因果影响,准确判断城市化与生态环境的关系。再次,目前研究主要关注在特定的时间和空间维度上,而城市化与生态系统具有跨区域、跨尺度的耗散结构特点。因此,应该加强跨学科、多要素的系统动态的研究。最后,近年来,中国政府实施了一系列生态环境治理规划,包括环境管治、严格执行各类法治规章等,并取得了一定的成效,但中国城市化与生态环境是否协同发展的问题,还有待于进一步研究,这将能够为发展中国家能否实现城市的可持续性和经济的"绿色增长"提供经验和支持。

1.3.2 植被覆盖影响因素的研究现状

传统地理学在解析自然因素对植被覆盖变化的影响上已显露出局限性,无法全面解释这一复杂现象。因此各国学者开始转向社会经济因素的探索,力求从这一新角追溯并理解被覆盖变化的根源。

1.3.2.1 自然因素影响植被变化研究

近年来,在全球气候变化的大背景下,陆地生态系统的时空分布已经发生了剧烈变化,而陆地生态系统的变化又将反馈于气候变化、生态环境。在长期自然活动中,植被受到自然因子的影响,其中水分和热量是影响植被变化的最为关键的自然要素。

高江波等(2019)利用1982—2013年中国植被 NDVI 与气象站点的温度与水分的检测资料研究发现,植被 NDVI 与温度呈现空间非平稳关系,北方地区、青藏高原主要受水分控制较为明显,华东、华中和西南地区主要受温度的主导作用显著[49]。刘少华等(2014)利用1982—2006中国植被 NDVI 和全国583个气象站点的数据资料研究发现,全国植被 NDVI 与≥10℃积温呈现微弱的负相关,与降水量分别呈微弱的正相关[50]。陈超男等(2019)利用秦巴山区1982—2017年的 GIMMS$_{3g}$、SOPT VEG 和 MODIS 三种 NDVI 数据集,同时结合气温、降水和 DEM 数据研究发现,秦巴山区植被覆盖与温度以正相关为主,与降水正负相关并存,同时高海拔带植被对温度变化更敏感,低海拔带对降水更敏感[51]。王艳召等(2020)基于中国2000—2018年归一化植被指数(Normal Difference Vegetation Index,NDVI)数据,使用气候数据研究发现,在此期间中国植被生长呈显著的变绿趋势,春季 NDVI 增幅最大,温度是促进春季植被生长的主导气候因子,降水对半干旱地区夏季植被的生长具有主导作用[52]。马梓策等(2020)利用2001~2018年 MODIS NDVI 数据集采用混合像元二分模型,计算中国植被覆盖度(FVC),研究表明中国植被覆盖度与气温呈负相关、与降水呈正相关,且降水对 FVC 的影响强于气温,影响 FVC 变化的主要因素是降水[53]。总体而言,植被活动随着温度的升高而变化得越来越明显[54]。当达到光合作用最适宜的温度前,温度的升高会有利于光合作用,能够促进植被的生长[55];当超过最适应温度的时候,植被的呼吸作用不仅被提高,加速了营养消耗,而且会引起水分蒸发较快,干物质积累减少,不利于植被生长[56]。水分的变化对植被活动也能起到一定的调节作用。因此,气候变化对植被活动的影响体现出非线性和复合性的效应。

1.3.2.2 社会经济因素影响植被变化研究

除了气候因素会对植被变化产生非常显著的影响外,人类活动对植被变化的影响也至关重要。但人类活动是一个非常宽泛的概念,包括了城市化、植树造林、森林砍伐等众多能够改变植被覆盖的社会经济因素。降水量和气温对植被变化影响的研究有成熟和科学的定量研究方法,但是社会经济因素对植被变化的影响研究,处于不断推陈出新的阶段。以下主要从城市化、经济增长、人口规模、放牧方式、保护政策等五个方面对文献进行梳理。

(1)城市化

近几十年来,随着地球人口的增加和经济的发展,城市化成了社会经济发展的最显著变化,人们不断发展自己改造自然世界的能力,人类对生态系统的影响越来越大[57]。尽管城市土地覆盖在地球表面中所占比例相对较小,但城市地区正在推动全球变化并产生深远的影响。下面主要对中国区域城市化对植被覆盖的影响因素进行分析。

Lin Yuying 等(2018)使用 2001—2012 年间的全球森林损失数据集,建立了中国 31 个省、市和自治区的面板数据模型,研究发现在国家层面城市化进程是中国森林产生损失的最关键因素,南部和东北地区损失较大,而中西部地区森林损失较小,在区域层面,森林损失最敏感的因素是公路里程[58]。Imhoff 等(2004)利用了夜间灯光和植被指数(NDVI)两套遥感数据,估算了美国 1994 年 10 月到 1995 年 5 月植被净初级生产力(NPP)的下降,研究发现城市化发生在最肥沃的土地上,因此对植被净初级生产力(NPP)的总体负面影响不成比例,而且在地方和区域尺度上,城市化提高了资源有限地区的NPP,并通过局部变暖"城市热"促进了寒冷地区植被生长季节的延长[59]。

Guan Xiaobin 等(2019)使用 1990—2014 年中国昆明的植被净初级生产力（NPP）数据实证发现,城市化进程中对 NPP 不仅产生了负面影响同时也产生了正向影响,其影响途径为由于土地覆盖/利用的改变产生的负面直接影响和城市"热岛效应"产生的正向间接影响[60]。

近年来,很多学者利用夜间灯光数据针对中国城市空间不断扩张与重建引起的植被覆盖状况变化的问题进行了大量研究,但研究区域主要集中于华北[61][62]、西北[63][64]、东北[65][66]等地区的发达城市及城市群。李景刚等(2007)利用 DMSP/OLS 夜间灯光数据和 SPOT NDVI 数据评价了环渤海城市群快速城市化过程的生态效应[67];安佑志等(2012)利用 MODIS 时序数据分析了城市化进程中长江三角洲地区植被覆盖度变化,发现城市及周边地区植被指数呈显著下降趋势,表明随着城市化进程的加速,长江三角洲地区植被覆盖状况正面临着恶化[68]。此外,史永姣、吕洁华(2022)利用 DMSP/OLS 夜间灯光数据和 NDVI 数据,考察了中国城市化推进与植被覆盖的情况,研究发现城市化对植被覆盖产生了积极作用[69]。因此,城市化的生态效应还不是很清楚,对城市化与生态退化/恢复之前关系的认识还很有限,对城市影响的复杂性及其对城市不同阶段的分析需要长期观察。

（2）经济增长

森林是陆地生态的主题,森林在地表的植被中占较大部分。在过去的 400 年里,全球人均国民收入的增长伴随着大量的森林覆盖的下降。近些年,由于全球变暖和生物多样性的消失,人们越来越关注世界森林的消失和经济增长的关系。其中一个主要的争论为是否存在森林环境库兹涅茨曲线。Mather 在 1992 年捃出了森林转型理论,该理论反映了关于环境库兹涅茨曲线假说的概念[70]。它假定,随着时间的推移,森林覆盖物呈现一个 U 形曲线,从森林砍伐开始森林覆盖面积下降,这种下降随后停止并逆转,森林覆盖面积随之扩大,森林得到了恢复。

森林转型理论产生了很多实证研究。历史学家、地理学家和其他景观研究者已经在欧洲和北美的先进工业国家进行了森林转型的研究。已经证实森林转型发生在美国[71]和其他发达的工业国家。文献着重分析了森林转型与经济增长之间的函数形式。很多文献证实了森林覆盖与经济增长具有 U 形关系,即存在森林环境库兹涅兹曲线假说[70]。然而,一些研究成果表明,森林转型与经济增长的关系并非总是 U 形不变的,其关系可能是 S 型。甚至,在某些地区并不存在 U 形[72]。在森林转型研究初期,大量文献对森林面积变化与经济增长之间的 EKC 曲线关系进行了探讨,但没有达成一致意见[73]。

总体而言,既有研究确认了经济增长对森林植被影响,但经济增长与整体植被覆盖的关系并未得到关注。本书也将经济增长放入植被覆盖的影响因素中进行考察。

（3）人口规模

自 20 世纪 90 年代初以来,人口的变化对生态环境的影响引起学者们的关注,学者们分别从国家、地区不同的尺度探讨了人口效应对生态环境的影响。人口效应具有规模效应和集聚效应,人口变化对植被水平和生态环境具有深刻的影响。较多的研究针对人口迁移、人口空间重组与植被覆盖之间的关系进行评估。

程东亚、李旭东（2019）利用 1990—2016 年贵州石阡河流域 Landsat 系列遥感影像研究发现,随人口密度上升,植被覆盖度总体处于下降趋势[74]。李薇、谈明洪（2018）利用人口空间数据、河流分布数据和 MODIS 数据研究发现,人口密度变化与植被 EVI 变化趋势呈负相关关系,河流沿线人口密度增加对植被的恢复起到阻碍作用,并且随着河流级别越高,人口密度变化与植被 EVI 变化趋势的相关性越强[75]。李凌超等（2018）利用 1981—2010 年的全国森林清查数据,采用 GMM 和空间面板模型研究发现,沿海地区的经济增长引发内陆劳动力向沿海地区转移,进而减轻了乡村森林压力,促进了中国森林质量和森林密度的提高和改善[76]。总体而言,由于学者研究的区域不同,使用的数据和方法不同,导致结论不一致。而且人口效应一方面因为农村人口减少导致人口对自然环境压力下降,植被增加,另一方面人口在城市地区聚集导致土地利用、土地覆盖类型的改变,进而导致植被消失,但对中国整体的植被覆盖影响依然不清。

（4）放牧方式

草地是地球表面重要的陆地生态系统,在全球气候变化、碳氮及养分循环、保持水土、调节畜牧业生产等方面具有重要的作用。近几年来,放牧对草地生态系统生产力、群落物种组成和生物多样性的影响引起广泛的关注。

从放牧强度来看,一方面,适度放牧可以促进草原植被再生,当家畜采食后,未采食植被的水分和养分得到提高,增大了光合作用效率,植物根系的周转能力得到提高,植被的适应能力也增强[77];另一方面,过度放牧条件下,可导致植被稀少,致使地表土壤裸露,土壤中的水分大量蒸发,致使植被覆盖率降低[78]。从放牧时间来看,赵刚等(2003)利用内蒙古锡林郭勒草原白音锡勒牧场分析了春季禁牧对植被特征的影响,研究发现春季禁牧对草地植被的总盖度、总密度以及平均高度均有显著的影响[79]。

我国从 2003 年开始在四川、内蒙古、西藏和甘肃等地实施了天然草地退牧还草工程[80]。学者们对退牧还草工程的效果进行了大量的考察。韩天文等(2009)对酒泉市退牧还草工程对植被恢复的影响进行了分析,研究表明退牧还草工程对植物多样性、盖度、高度和产草量的综合效应而言均存在显著的促进作用[80]。王岩春等(2008)对川西北草原退牧还草工程区围栏草地植被恢复效果进行了研究,结果表明退化草地经围栏禁牧和休牧后生物多样性提高,草群高度也明显增高,草地总盖度变大,同时草地质量明显提高[82]。

总体而言,放牧对草地植物的影响结果会随着放牧强度、放牧时间和放牧制度的变化而变化。因此,在放牧系统中,放牧家畜对草地植物的作用不是单向的,二者之间存在互相制约、互相影响的关系。

(5)保护政策

从 20 世纪 70 年代开始,特别是 1998 年特大洪水以后,国家相继实施了一系列生态修复工程,不断加大林业投资,使林业生态工程建设效果显著。实施了防护林建设、天然林保护工程、植树造林、退耕还林等一系列国土绿化工程,中国生态环境建设取得一定成绩[83]。

唐见等(2019)利用 1982—2015 年的归一化植被指数数据和气象数据,并量化了气候变化和生态保护工程对长江源区植被变化的影响程度,研究发现在生长季生态保护工程大于气候变化对植被 NDVI 增加的影响程度,而非生长季气候变化是影响植被生长的关键因素[84]。武金洲等(2020)以科尔沁沙地东部 8 个旗(县)为研究区,利用结构方程模型,定量分析了 2000—2016 年三北工程的建设效果,实证表明三北工程显著增加了研究区的森林面积,提高了研究区森林覆盖率,并对该地区的经济发展起到了促进作用,对于推动当地脱贫也有一定意义[85]。尤南山等(2020)利用 2000~2016 年总初级生产力数据研究发现,退耕还林还草工程对黄土高原植被总初级生产力产生有利影响,退耕还林还草面积约 3.5 万 km²,占 2000 年耕地面积的 16.8%[86]。申丽娜等(2017)运用 1985、1995、2000、2010 年 4 期 GIMMS NDVI3g 数据,利用像元二分模型估算植被覆盖度,运用图谱分析法对三北防护林工程区 4 期植被覆盖度变化进行了时空分析,研究发现植被覆盖度变化的总面积先减少后增加,总体呈现出上升趋势[87]。总体而言,中国各级政府进行的一系列重大生态修复工程,在不同区域的生态环境建设中发挥着积极作用。

1.3.3 研究评述

综合已有的研究来看,城市化这一事件影响是深远的,影响了植被覆盖、生物多样性、气候变化、能源消耗、碳排放、水资源以及生态环境系统,已有研究取得了大量的研究成果。这些研究成果为本书的研究奠定了理论基础和提供了启示。但是,由于全球城市化与生态环境变化的累积性和复杂性,二者有很多重要的内容有待后续研究,尤其是城市化进程中植被覆盖空间变化和影响效应研究存在进一步拓展的空间。

第一,缺乏对中国植被覆盖时空演变、区域差异和动态演进的描述。既有文献主要集中在全国、区域、城市群、省、市和县等行政区划的边界以及生态脆弱地区为研究对象,主要关注在特定的时间和空间维度上的细化讨论。但在全国尺度下植被覆盖的区域差异和动态演进特征分析及差异来源的研究相对较少。尤其是近年来,我国植被覆盖的动态演进情况依然不清。

第二,缺乏关于城市化进程对植被覆盖影响的研究。近几十年来,一些发展中国家经济发展的步伐远远快于已经完成工业化的发达国家。城市化以前所未有的速度快速推进,发达国家曾经经历了很长的时间应对生态环境问题,而发展中国家却要在很短的时间内应对这些问题,这也造成了城市化应对生态环境的挑战加剧。虽然已有文献从地理学等角度来研究其对植被覆盖的影响,但仅仅侧重于城市化与植被覆盖的空间关系的探讨,尚缺乏城市化进程对植被覆盖的因果关系的研究。同时,城市是由多要素组成,多要素地综合定量研究城市化将更有利于准确识别两者之间的关系,尤其关于城市化速度和城市化质量对植被覆盖的影响的研究较少,而城市化质量才是目前我国城市化发展的典型特征。因此,未来的研究应更加细致地考察城市化进程对植被覆盖的因果影响,准确判断二者之间的关系。

第三,城市化与植被覆盖缺乏必要的量化标准和实证分析。由于遥感数据处理的复杂性,关于植被覆盖与自然因素或社会经济因素的研究较多基于空间关系,但受空间数据的影响,仅从环境地理的视角对城市化、人口等几个因素作了分析,相关研究也大多集中于地理学科,使得相关研究未能深入分析二者之间的因果关系。同时,对于城市化进程对植被覆盖影响的传导路径分析也缺少实证研究。此外,近年来,中国政府实施了一系列国土绿化治理规划,包括环境管治、严格执行各类法治规章等,并取得了一定的成效,但中国城市化进程与植被覆盖是否协同发展的问题,还有待于进一步研究,这将能够为发展中国家能否实现城市的可持续性和经济的"绿色增长"提供经验和支持。

从而,本书后续将拓展国土绿化中植被覆盖的相关研究,在对中国植被覆盖变化的趋势和合适计量方法进行讨论基础上,综合使用中国科学院资源环境科学与数据中心、美国国家海洋与大气管理局(NOAA)、《中国统计年鉴》、《中国林业和草原统计年鉴》等数据来衡量理论模型中的变量,进行实证检验,揭示城市化进程中植被覆盖的时空演变、因果关系及传导路径等。

1.4　研究内容、研究方法和技术路线

1.4.1　研究内容

全书的研究思路为"文献梳理与理论基础→形成机理→实证检验→传导路径"。从理论层面看,本书围绕城市化进程的两个侧面城市化速度和城市化质量两个维度,系统分析了城市化进程影响植被覆盖的理论机制。从实证层面看,利用固定效应模型深入探究了城市化进程及城市化质量的五个维度对植被覆盖的影响效应及区域差异,并且通过中介模型、交互项对传导路径进行检验。此外,进一步通过门槛效应模型对城市化进程与植被覆盖的非线性关系进行检验,实现效应评估与路径识别的双重目标。具体内容如下:

第一章是绪论。首先,在生态文明建设、城市化发展、国土绿化等背景基础上,总结城市化与生态环境发展过程中存在的问题,并将其转化为规范的研究目的,确保本研究具有理论意义和现实意义;其次,对城市化与植被覆盖相关的国内外文献进行了梳理和归纳,具体为城市化与生态环境的相关研究、植被覆盖的影响因素相关研究,具体影响因素包括自然因素和社会经济因素。最后,在文献分析的基础上,梳理本书的研究思路并形成主要内容框架,并指出本研究的创新点。

第二章是相关概念界定和理论基础。对中国城市化、城市化进程、植被和植被覆盖的概念内涵进行界定,为后续的机理分析和实证检验奠定基础;通过分析相关理论基础对本研究的支撑作用,包括可持续发展理论、生态现代化理论、紧凑城市理论、环境库兹涅茨曲线假说,为后文的分析奠定了理论基础。

第三章是城市化进程与植被覆盖格局形成机理。首先,从城市人口、城市规模、城市经济和城市综合服务能力四个方面对中国城市化发展进行梳理;其次,从自然因素、社会经济因素等方面对植被覆盖格局的演变进行分析,探究植被覆盖格局形成的原因;最后,对城市化进程与植被覆盖格局的主要逻辑关系进行系统的经济学分析和恰当的推理演绎,形成规范的城市化进程对植被覆盖的影响机理框架。

第四章是中国植被覆盖的时空演变分析。首先,介绍了本研究使用的植被指数的数据来源与处理方法,为下文准确分析植被覆盖的演进做好数据基础。其次,介绍了植被覆盖的时间和空间演变趋势,时空演变趋势包括整体、不同等级植被的时间演变情况;空间演变包括整体、区域及省份的植被演变情况。再次,通过 Dagum 基尼系数及其分解的方法来考察了植被覆盖的区域差异情况,包括总体差异、地区内差异、地区间差异及差异来源的情况,来分析植被覆盖的相对差异趋势。最后,通过 Kernel 密度估计探究中国及各地区植被覆盖的动态演进情况。本章是在分析植被覆盖演进特点和发展趋势基础上,对目前中国植被覆盖格局出现的成因进行识别,为后文的实证分析奠定基础。

第五章是城市化进程对植被覆盖的影响效应分析。首先,对城市化进程的两个侧面进程测度,利用城市化水平的年变化率来衡量城市化速度,利用熵权法来衡量城市化质量,从而为城市化进程建立了一个量化分析的标准;其次,利用 2000—2019 年植被覆盖的卫星遥感数据和计量模型,实证检验城市化速度和城市化质量对植被覆盖的影响。再次,通过剔除异质性样本、更换估计模型、替换变量等方法进行稳健性检验;通过滞后核心解释变量和工具变量法进行内生性分析,以确保估计结果的稳健性。最后,分别从区域特征、城市化质量的不同维度对植被覆盖的效应进行异质性分析。

第六章是城市化进程对植被覆盖的传导路径及门槛效应。首先,以中介效应模型和变量交互项为主要工具方法,围绕道路建设、产业结构升级、保护政策的影响路径,定量识别了城市化进程影响植被覆盖的传导路径。此外,对城市化进程与植被覆盖的影响关系进行了拓展分析,进一步探讨了城市化进程与植被覆盖的非线性关系。本章的分析打开了城市化进程影响植被覆盖的内在逻辑,实现了从效应评估向路径识别的推进。

第七章是提升植被覆盖水平的策略路径。基于植被覆盖的时空演变情况和城市化进程对植被覆盖的影响效应及传导路径,提出如何能够更好地应对城市化进程与植被覆盖的协调发展,发挥城市化进程对植被覆盖促进作用的对策建议。

1.4.2 研究方法

文献分析法。本研究在对城市化进程与植被覆盖的关系进行实证分析前,使用文献分析法对城市化与植被覆盖的相关理论基础进行了归纳与整理。首先,对城市化与生态环境的相关研究进行梳理。其次,对城市化进程与植被覆盖的基础理论与不同流派的观点进行总结。最后,对植被覆盖的影响因素等相关文献进行总结与梳理。通过对以往研究进行总结剖析,并借鉴相关文献观点,同时挖掘现有文献的局限与不足,为本研究后续的研究奠定了坚实的理论基础。

比较分析法。在分析城市化对植被覆盖的影响时,本研究运用了比较分析方法。城市化引发经济社会变迁,对生态环境产生了巨大冲击,尤其是对植被覆盖有着深远的影响。为了准确把握城市化进程中植被覆盖的一般规律以及发展趋势,本研究将使用比较分析法。主要体现在从城市化不同维度视角总结城市化发展的基本特征,从而在一定程度上获得对城市化进程的整体认识。其次,进一步对中国植被覆盖的状况进行整理,明确其时空演变特征,并将两者进行对比分析,探究城市化与植被覆盖发展的关系。最后,从区域异质性出发比较不同地区城市化对植被覆盖的影响情况,明确未来提升植被覆盖水平的必要性。

ArcGIS空间分析法。为解决植被覆盖测度中统计数据难以有效度量的问题,本研究使用了卫星遥感数据。遥感作为空间数据采集手段,已成为国土绿化研究中极具价值的工具。空间数据与一般数据相比具有三个基本特征:属性特征表示实际现象和特征;空间特征表示现象的空间位置;时间特征表示现象或物体随时间的变化等。因此,空间数据使目前获取长时间、大尺度的数据成为可能,为准确衡量植被覆盖的决定因素提供了可靠的来源。本研究首先从中国科学院地理科学与环境研究所的官方网站下载中国月度1km植被指数(NDVI)空间分布数据集,此空间数据结构为栅格数据结构。其次,并利用ArcGIS提取空间数据的功能,按照中国省级行政区划的植被覆盖栅格影响进行数据提取,最终得到了2000—2019年中国植被指数(NDVI)空间分布数据集。最后,为了满足特定空间分析的需要,需要对原始图层及其属性进行一系列的逻辑或代数运算,以产生新的具有特殊意义的地理图层及其属性,这个过程被称为空间变换。因此,本研究对植被覆盖的栅格数据进行了空间变换,得到了不同等级的植被覆盖的面积占比,并将其转换为能够用于计量分析的标准数据,并在此基础上对我国植被覆盖的演进进行统计和分析。

实证分析法。在实证分析中,本研究结合了统计分析与计量分析的方法。首先,获取植被覆盖的卫星遥感数据,通过ArcGIS软件提取植被NDVI的栅格数据作为衡量植被覆盖发展水平的变量,从而为我国国土绿化情况建立一个量化的标准;其次,利用统计数据构建了城市化速度变量和利用熵值法对城市化质量的指标体系进行量化分析,从而打开了城市化进程的内涵;再次,利用计量分析方法分别对城市化进程对植被覆盖的影响效应和传导路径进行实证检验。分别构建固定效应模型、中介效应模型和变量交互项来量化城市化进程对植被覆盖的影响效应及其对传导路径进行实证检验,并进一步利用剔除异质性样本、使用动态面板模型等方法和利用工具变量等方法进行稳健性和内生性分析,以考察基准模型的稳健性;此外,进一步通过门槛效应方法进行拓展性分析,以考察城市化进程与植被覆盖的非线性关系。通过实证分析法以期为本研究的理论分析提供经验支持和拓展。

1.4.3　技术路线

在上述研究思路和研究内容的基础上,绘制本研究的技术路线图,如图1-1所示。

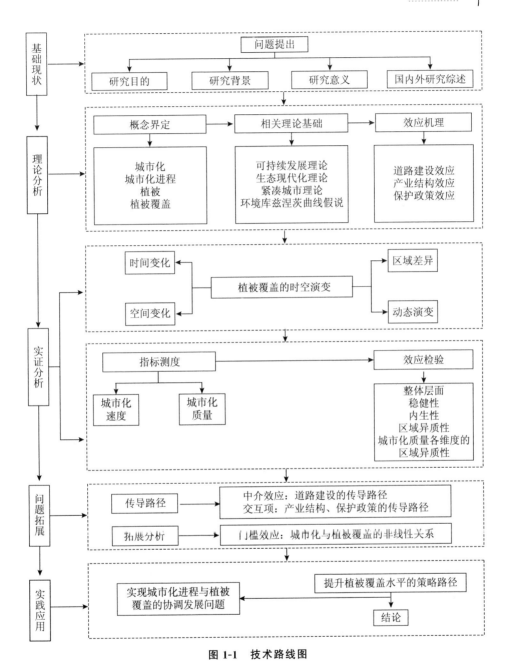

图 1-1 技术路线图

Fig.1-1 Technical route map

1.5 研究创新

本书的创新点主要包括以下几个方面：

首先,本书对城市化进程与植被覆盖之间的因果关系进行了考察。随着我国经济的快速发展,城市化水平在迅速上升,城市化与生态环境的矛盾日益突出,植被覆盖的高质量发展成为生态文明建设的关键问题。但现有文献大多聚焦于自然因素和社会经济因素对植被覆盖的影响,鲜有基于城市化进程的视角探索植被覆盖的原因、内在逻辑和规律,因此难以全面、系统地解释当前城市化进程对生态环境的深刻影响。针对当前关于城市化进程与植被覆盖之间关系缺乏因果关系的实证分析问题,本书在有效量化城市化进程的基础上,综合利用固定效应、动态面板模型、工具变量等计量模型从经验层面对城市化进程与植被覆盖的关系进行了验证,为理论分析提供了经验性支撑,从量化分析视角丰富了城市化与生态环境的相关研究,为考察城市化与生态环境协调发展问题提供了新思路和新方向。

其次,本书采用经济学、地理学、统计学等多学科交叉与融合的综合研究方法。第一,本书突破既有文献研究内容,单一衡量森林、草地等植被,指出国土绿化的衡量应全面观察植被覆盖的情况,并从时间、空间、区域差异、动态演进等多维视角综合考察植被覆盖的演进情况。第二,利用统计学知识构建城市化进程指标,通过将城市化进程细分为城市化速度和城市化质量,并从城市化速度和城市化质量双重视角来考察对植被覆盖的不同影响,有利于更加系统全面地剖析城市化进程对植被覆盖的影响。第三,在植被数据库构建过程中,获取了卫星遥感影像数据,通过空间地理学地理信息系统(GIS)等对不同时期植被覆盖的影像进行转换处理。第四,在实证分析中使用了计量经济学的各种估计方法来分析城市化进程与植被覆盖的影响关系。总之,多学科交叉融合成为本书的一个特色。

再次,本书实现了城市化进程影响植被覆盖水平的效应评估,打开了城市化进程提升植被覆盖水平的影响机制,丰富了以往的研究成果。本书创新性地从道路建设、产业结构升级、保护政策三个方面揭示了城市化进程影响植被覆盖的传导路径,深化对城市化进程影响植被覆盖的作用机制的理解和认识。此外,进 ·步揭示了城市化进程与植被覆盖的非线性关系,为理解城市化进程与植被覆盖的复杂性提供了经验支持。

最后,本书紧紧围绕当今世界可持续发展的重要议题,具有很好的政策参考性。推动城市化高质量发展,对于全面提升植被覆盖水平具有重要的作用。因此,本书能够针对城市化进程中的植被覆盖水平提升给出参考性的对策建议,以促进发展中国家或地区通过城市化的高质量发展提升植被覆盖水平。

2 相关概念界定与理论基础

本章首先对本书研究的相关概念进行梳理和界定,包括城市化、城市化进程、植被、植被覆盖。然后,对依托的相关理论进行梳理,为后文研究城市化进程对植被覆盖的影响奠定理论基础,理论基础则主要围绕城市和生态环境而展开,包括可持续发展理论、生态现代化理论、紧凑城市理论和环境库兹涅茨曲线假说。

2.1 相关概念界定

2.1.1 城市化

城市化是一个复杂的社会经济过程,它改变了已建成的环境,将以前的农村居民点转变为城市居民点,同时也将人口的空间分布从农村地区转移到城市地区。它主要包括职业、生活方式、文化和行为的变化,从而改变城市和农村地区的人口和社会结构。城市化的一个主要后果是城市住区的数量、土地面积和人口规模以及城市居民与农村居民相比的数量和比例增加。城市化是由空间规划、城市规划以及公共建筑、民用建筑和基础设施投资决定的。越来越多的经济活动和创新集中在城市,城市成为交通、贸易和信息流动的枢纽。城市也成为提供最高质量的公共和私人服务的地方,基本服务往往比农村地区更容易获得。

随着城市的发展,城市转型的速度和规模会发生一定的变化,给城市建设带来了巨大的挑战,尤其对周围环境、自然资源和市民健康状况等都产生了一定的影响。要应对这些挑战,需要对城市增长进行准确衡量,这必须基于高质量的统计基础,并且对城市变化的可能模式和趋势有准确的理解。目前,最根本的问题是没有一个全球性的城市分类标准,所有国家都区分城市人口和农村人口,但城市区域的定义因国家而异,而在某些情况下甚至在一个国家内随时间而有所不同。学者根据对城市的理解对城市地区产生了不同定义:经济学家认为城市化是非农产业的经济要素向城市集聚的过程;人口学家认为城市化是实现农村人口转变为城市人口的一系列过程;社会学家认为城市是一种城市性生活方式的发展和变化的过程;城市经济学家把城市地区定义为在相对较小的面积里居住了大量人口的地理区域,也就是城市地区的人口密度要高于周边其他地区,所以城市经济学家的定义是以人口密度作为基础。可见,城市地区可以通过多种角度进行定义,包括人口规模、人口密度、行政或政治边界或经济功能等。

我国是世界上人口最多的国家之一,在我国城市区域的定义随着时间的推移也发生了很大的变化。20 世纪 80 年代初,我国大幅度降低了城市地区的资格标准。因此,中国官方统计数据显示,在 20 世纪 80 年代中期,城镇数量和城市总人口规模大幅度增加。因此,使用城市人口规模的估计也可能出现偏差。使用人口数据对城市长期增长模式进行分析仍然可能受到另一个问题的制约,即缺乏可靠和最新的人口数据,人口普查数据是各城市人口数据信息的主要来源,但在我国人口普查每十年才进行一次,每年的城市人口统计数据实际上是根据以往的数据推算出来的。在 2005 年以前,我国使用户籍人口进行城市人口统计,所以即使有最近的人口普查,在拥有大量流动人口的拥挤城市,城市人口往往被低估,实际上从 2005 年开始我国才使用常住人口口径进行统计,因此,使用单一城市人口规模来估计城市化也可能并不完全准确。

随着城市规模的增加,城市人口的增长率通常会下降,事实上,我国近年来大城市人口增长率也正在放缓,这反映了国家人口增长率的放缓。尽管城市化水平和趋势与全球工业化和经济发展模式密切相关,但总体上人口的高速增长,加上大量的农村向城市移民,导致许多大城市郊区低收入住区的快速、无计划扩张,而这一扩张并未伴随公共服务和设施的扩张,因此城市的可持续发展受到挑战。而各地的城市在特征、经济结构、基础设施水平、增长模式和规划程度等方面都表现出多样性:一方面,随着城市的发展,大量的城市居民或多或少地受到清洁饮用水供应不足、污水处理设施的不足和固体废弃物处理不足这些有关的严重环境卫生挑战的影响。此外,城市当中未能收集的垃圾以及废弃物管理和回收政策和做法的不足,也对城市环境带来了巨大挑战。同时,城市向空气或淡水水体排放越来越多的废物,也威胁着水质和水生态系统。另一方面,土地是所有城市增长的重要组成部分,高质量的土地管理可以在一定程度上控制城市增长对当地生态系统的影响,制定公平的土地开发政策也是许多城市规划者和决策者面临的最大挑战之一;此外,许多大城市的拥堵也极其严重,空气污染也是许多城市的一个严重环境问题。由此可见,城市化质量是城市发展中另外一个重要问题。城市化内涵应随着外部环境与发展阶段变化而补充与调整,不仅是城市化速度的变化,更要体现城市化质量的提升。

通过以上分析,可以看出,随着城市的发展和演变,城市化进程中不仅表现为城市人口的增长,还表现出城市化质量的变化。因此,本书借鉴以往的文献,使用城市化速度和城市化质量来刻画城市化进程中的两个侧面,来反映我国城市化进程的全貌。

2.1.2 城市化进程

根据上文的分析,城市化进程中包含城市化速度和城市化质量。其中要理解城市化质量的概念,需要对其城市化质量的内涵予以准确把握。首先,城市化是经济问题,是生产方式的重构。第二、第三产业发展是由农业劳动生产率的提高引致的,更高的劳动生产率和空间集聚引致了规模经济、范围经济和外部经济,进一步吸引了更多的生产要素流入,从而推动城市不断扩张。其次,城市化是社会问题,是社会结构的重构。农村人口迁移至城市,是人们为了追求美好生活而进行的自由迁徙和重组,人们对教育、医疗、社会保障、公共安全、基础设施等基本公共物品的需求呈现快速增长趋势。因此,城市公共服务供给充足,才能够提高居民的生活质量。最后,城市化是环境问题,是人与自然关系的重构。快速城市化大幅增加了能源资源的消耗和对自然生态的影响,这使得部分城市化地区在空间上承受着资源环境压力。健康城市化应该集约高效地利用土地等自然资源,更加有效地保护生态环境,使得城市化与生态环境协调发展,实现人与自然关系的和谐共生。因此,城市化质量不仅仅为人的城市化,更是一个多维度的发展进程。城市化的多维内涵决定了城市化必然是经济发展、基础设施、居民生活、社会发展和生态环境协调推进的城市化。

此外,本书的样本研究期中国城市化水平已经脱离初级阶段,更加关注的是城市化进程中的本质和内涵,因此对城市化水平不做过多探讨,研究重点将放在城市化速度和城市化质量两个方面,来考察城市化进程对植被覆盖的影响效应。

　　最后,由于本书研究中国城市化进程对植被覆盖的影响,所以要对城市化速度和城市化质量加以区分。这两个概念既有共性,又有区别:从共性来看,两者都是研究与城市化有关的问题;从区别来看,城市化速度侧重城市化的横向视角,城市化质量侧重城市化的纵深视角。从城市化进程中的两面,来探究城市化内在的性质与规律,为后文的实证分析做好概念界定。

　　如何对城市化进程进行量化是从实证角度对城市化进行研究的重要问题,由于各国城市化发展的模式不尽相同,所以没有统一的测度方法,因此许多学者拓展了很多不同的测度方法。近些年,学者们关于城市化进程做了一些研究,认为城市化进程包含城市化速度和城市化质量两个侧面。使用单一人口和土地数据测度的城市化没有涉及城市化的实质,城市化的发展需要新的评估指标。城市化水平(即城市化率)是衡量城市化发展程度的重要指标,它通常表示为居住在城市地区的人口百分比。城市化速度是评价某个地区城市化发展水平的指标。所以,本书的城市化速度是基于城市化水平来进行衡量的,本书采用常用的城市化水平百分点的年变化进行测度城市化速度。

　　目前,国内外对于城市化质量的内涵没有权威的定义。联合国人居中心开展的城市化质量是目前国际社会最具代表性的研究。由城市发展指数(CDI)和城市指标准则(UIG)两项综合指标构建了城市化质量的评价体系,其中CDI包括基础设施、废弃物处理、健康、教育和生产五个方面共11项指标,而UIG包括居住、社会发展、减贫、环境治理、经济发展、管制等三大类共计42项指标。我国学者根据自己的学科背景,从不同的角度综合测度了城市化发展质量的内涵,例如:王德利等(2010)采用熵技术支持下的层次分析法,从城市基础实力、城市化发展协调度、城市化发展可持续水平三个层面来构建城市化质量指标[88];徐维祥等(2020)从经济发展、居民生活、社会发展、基础社会以及生态环境质量五个层面来构建了城市化质量,并利用熵值法进行测度城市化质量综合水平[89]。综合以上分析,本书为全面把握城市化质量内涵,从经济发展、基础设施、居民生活、社会发展和生态环境五个维度进行衡量。

本书对城市化研究的贡献在于：第一，扩充了城市化的研究范畴，不仅考察城市化速度的变化，而且重点从城市化质量的角度进行研究，综合反映城市化进程的特征，探究城市化内在的性质与规律；第二，拓展了城市化质量的内涵，强调从经济发展、基础设施、居民生活、社会发展和生态环境五个维度来构建城市化质量，以期全面把握城市化的内涵。

2.1.3 植被

植被是指地球表面某一地区所覆盖的植物群落。从全球范围可区分为海洋植被和陆地植被两大类。但由于陆地环境差异大，因而形成了多种植被类型，如森林、草原、灌丛、荒漠、草甸、沼泽等，总称为该地区的植被。

由于我国幅员辽阔，土地类型的传统地面调查工作难度较大。在以往的经济学文献中，学者们主要讨论森林植被的相关研究，数据来源主要为每五年一次的全国森林资源清查数据，因而不能为长时间、大范围地了解我国国土绿化变化情况提供详细数据。2017 年，第一次全国地理国情普查查清了中国种植土地、林草覆盖等植被的类别、面积、构成及空间分布。据统计，全国植被覆盖面积为 756.69 万平方千米，其中种植土地面积为 159.91 万平方千米，占全国植被覆盖总面积的 21%，包括水田、旱地、果园、茶园等 9 种类型。林草覆盖面积为 596.78 万平方千米，占全国植被覆盖总面积的 79%，包括乔木林、灌木林、天然草地、人工草地等 10 种类型。

本书在研究植被时包括林草植被和农业植被，不区分植被这两种类型，使用植被覆盖的概念来进行后续的研究和实证工作。使用这一概念的可行性在于：第一，我国林草覆盖面积是全国植被覆盖面积的主要组成部分，使用植被覆盖的数据能够反映我国国土绿化的变化趋势；第二，无论是林草植被还是农业土地都是陆地生态系统最重要的组成之一，从生态系统的功能来看具有不可分割性；第三，由于卫星遥感的快速发展，为获取长时间、大范围的植被覆盖数据获得了可能性，能够弥补统计数据不充分的缺陷，为实证分析提供了可靠的数据来源。本书将使用卫星遥感数据对我国植被覆盖情况进行度量，而卫星图像很少能分辨出旧农田和管理的天然草地之间的差异，所以区分这两种植被也非常困难。

2.1.4　植被覆盖

植被覆盖是陆地生态系统的重要组成部分,其植被覆盖变化与全球的环境变化和生态安全紧密相连。目前对植被覆盖的研究常借助于植被指数。植被指数是用于评估植物生物物理参数的辐射测量指标。由绿色植被的光谱特征曲线可知,在可见光范围内 675nm 波长附近(红光)出现吸收峰,此处植被的吸收作用最强;在红外波段范围内 800nm 波长附近出现反射峰,此处植被的反射率最高。因此,学者们利用近红外与红光波段反射率的比值有效地估算了生物量和叶面积指数。同时,实测数据也定量验证了红光波段和红外波段的线性组合在检测植被生长的有效性[90]。因此,可用红光波段和红外波段的线性组合或非线性组合来测定大多数的植被指数。近年来,随着遥感技术的不断发展,由卫星提供的遥感影像越来越多,使获取植被覆盖的长时间和大尺度的动态研究成为可能。与传统的地面调查相比,植被指数拥有在时间和空间上的连续性更好、时空分辨率更高、更易于获取等优点。因此,采用植被指数检测全球、区域和局地尺度的植被动态变化已经成为全球植被覆盖变化研究的一个重要方面。

目前有几十种植被指数[91]。在这些指数中,归一化植被指数(NDVI)是目前国内外有关植被变化研究中应用最广泛的一种植被指数。它能够反映植被覆盖、叶面积指数、生长状况等,并广泛用于监测大尺度植被活动的研究,为检测生态环境变化发挥了重要作用[92][93][94]。NDVI 是近红外波段的反射值与红光波段的反射值之差比上两者之和,其值域的范围在 −1 和 1 之间,通常 NDVI 数值越大,说明植被覆盖和生长状况越好。

2.2　可持续发展理论

2.2.1　可持续发展理论的形成与发展

近 30 多年来,可持续发展理念在全球得到了广泛传播,同时全球环境与发展形势也发生了深刻变化。最初这些努力与降低碳排放量的承诺有关,以便减少温室气体排放,而可持续发展也旨在解决碳排放的问题,同时保护稀有水源、脆弱的生物系统和生物多样性。除此之外,可持续发展不仅满足人类需求,同时与现代生活的其他领域联系紧密。

可持续发展思想最早可追溯到 1972 年在瑞典斯德哥尔摩举行的联合国人类环境会议。本次会议是关于可持续发展内容的第一次重大国际讨论,随后创造了"生态发展"一词,为可持续发展概念化方面发挥了重要作用。1983 年,联合国成立了世界环境与发展委员会(World Commission on Environment and Development,简称 WCED),主要对经济增长与环境退化之间的关系进行研究。1987 年,该委员会向联合国提交了名为《我们共同的未来》(Our Common Future)[95] 的报告,这个委员会的领导者是布伦特兰,故此报告也被称为《布伦特兰报告》(Brundtland Report)[96]。该报告正式提出了可持续发展的概念,并以此为主题进行了全面论述。这是 WCED 首次将"可持续发展"这一概念引入正式的政治领域,其给出的定义为"可持续发展意在满足当代人的需要和愿望,又不影响满足未来需要和愿望的能力"。自这一概念提出后,可持续发展对世界发展政策及学术界产生了重大的影响。它认为过去的经济增长模式中遇到的环境问题将继续影响未来的经济前景,应该有一种新的经济增长模式,既尊重经济环境相互依存的事实,并且不破坏未来的经济前景,即可持续发展。因此,可持续发展概念的中心内容为环境保护。1992 年,联合会环境与发展大会在里约热内卢举行,这是人类有史以来最大的一次国际会议,会议通过了包括"21 世纪议程"和《里约宣言》等 4 份重要文件,这些文件将经济发展和环境保护紧密地联系起来。这次会议的召开标志着可持续发展在全球范围内付诸行动。

2.2.2 可持续发展理论的概念和内涵

一种观点将可持续发展定义为与经济发展相关,其定义为"满足当代人需求而不损害子孙后代满足自身需求的能力的经济发展"。另一种观点则更为宽泛,将可持续发展定义为"滋养和延续整个地球生命共同体历史成就的人类活动"[97]。可持续发展是一个动态的概念,社会及其环境发生变化,技术和文化发生变化,价值观和愿望发生变化,一个可持续的社会必须允许并维持这种变化,即必须允许持续、可行和有力的发展,这就是可持续发展。

可持续发展理论发展至今,各国专家和学者分别从不同的角度进行了深入的研究。可持续发展理论的研究内容大致可以分为 5 个角度:①资源和环境的角度,从资源角度主要集中解决自然资源禀赋与经济发展之间的矛盾,从环境角度主要集中解决经济活动中的污染排放与自然环境的自净能力之间的矛盾;②生态学的角度,是从一个系统的角度去研究可持续发展的内容,认为相互联系的子系统构成了整个系统——生物圈,其组织特征、结构、系统动力学,以及演进和变化的过程是生态学角度研究的主要内容;③经济学的角度,简化机制是新古典经济学所倡导的,该理论认为自然资源可以被评估,既取决于其交换价值;④城市空间结构的角度,主要是从土地利用和土地开发的角度进行研究,提出紧凑城市理论来解决城市可持续发展问题;⑤社会学的角度,主要从居民收入分配等社会问题和生态环境问题等社会公平的角度引入可持续发展。

总体而言,可持续发展主要关注的是人与自然和谐发展的问题,这意味着将环境保护与经济发展放在等同地位,虽然研究的侧重点不同,但都同时强调社会、经济、自然的和谐统一,共同发展。对可持续发展理论的研究是制定政策和推动实践的迫切需求。可持续发展理论为后文分析城市化进程与植被覆盖的关系奠定了理论基础。

2.3　生态现代化理论

2.3.1　生态现代化理论的形成与发展

生态环境与经济发展之间的矛盾是可持续发展战略实施的突出问题。在西方工业社会,环境问题的历史通常分为三个不同的阶段。20 世纪初,环境问题的第一阶段,由于工业化和城市扩张的加剧,环境问题主要集中在"自然"景观的退化上。在环境退化这一阶段,社会并没有对工业社会的基础建设给予太多的关注与质疑,重点是保护有价值的自然区域,使其免受快速工业化和城市化的破坏性影响。其中,自然保护区和半保护区是这一阶段大多数工业社会中的典型产物。20 世纪 60 年代至 70 年代初,环境问题的第二阶段,大多数当代环境社会学家开始关注环境问题和社会问题,由于经济增长方式、人口数量和人均消费问题,破坏生态系统和消耗了大量资源,正在破坏生存的根本。因此,第二阶段环境问题的主要目标与第一阶段根本不同。但在 70 年代初,生态激发了社会变革需求只在有限的程度上得到回应。典型的表现是在工业社会中为环境设立了政府部门,尽管当时采取了大量措施来对抗环境破坏。但是,这一时期的制度仍以产业结构、经济关系和科学技术为主发挥关键作用,因此第二阶段的生态改革并没有影响到那些对环境破坏负有责任的基本机构,所以从这个意义上说,第二阶段的生态改革是不成功的。第三阶段,从 20 世纪 80 年代末开始,一般认为《布伦特兰报告》为第三阶段的里程碑。这一阶段的中心议题为现代制度的根本性环境改革,与以往阶段的不同之处在于,在工业化的过程中,环境在这些制度变革中的重要性日益凸显,这表明环境因素引发了当代社会的制度变革。

环境社会学是以环境系统与社会系统之间的复杂互动关系为研究对象[98][99][100]。环境社会学的主要研究内容:其一为环境风险形成的社会原因和机制;其二为环境风险对社会运行和发展的各种影响。其从 20 世纪 70 年代在北美兴起,并快速发展起来。几十年来,学者们形成了多种针对环境问题和解决思路的相互竞争的理论范式,其中当前影响较大的一种理论是生态现代化理论,该理论最初是针对早期环境社会学发展状况提出的。生态现代化理论兴起于 20 世纪 80 年代初,一般认为该理论是由德国马丁·耶内克(Martin Janicke)和约瑟夫·胡伯(Joseph Huber)较早提出的[101]。耶内克指出修复补偿、末端治理、生态现代化和结构性改革是改善环境污染和避免生态破坏的四种方法。其中修复补偿和末端治理都需要耗费大量的物质财富和经济成本,是一种被动的回应方法,其最大的问题就是成本过高。而生态现代化理论主张经济发展和环境改善的双赢结果,因此有着优越性。胡伯则认为工业社会的发展共三个阶段,第一阶段为工业突破,第二阶段为工业社会建设,第三阶段为超工业化过程中工业系统的生态转换,而新技术的使用和发明使第三阶段成为可能。此后,很多学者对生态现代化理论的发展作出了贡献。到 20 世纪 90 年代中后期,该理论在欧洲以外的国家被广泛研究。近年来,学者们试图检验中国对该理论的适用性。同时,越来越多的国内学者也开始引入生态现代化概念来分析中国实践。

2.3.2 生态现代化理论的核心观点

一般来说,生态现代化理论的目的是分析当代工业化社会如何应对环境危机。生态现代化理论认为,持续的工业发展并不是不可避免地继续恶化环境,是逃避全球生态挑战的最佳选择,现代化进程不仅扩大了人类对环境影响的规模,而且还导致了社会对生物圈影响方式的质的变化。在西欧关于工业社会管理和克服生态危机所需要的制度变革的分析和讨论中,产生的生态现代化的概念只有相对较短的历史。社会科学家、环境学家、自然科学家及政府管理者从不同的角度给出了生态现代化的核心观点。例如,马藤·哈杰尔(Maarten Hajer)于1995年提出六个假设[102],这六个假设是关于生态现代化的概念转变,并用荷兰的化学行业对这六个假设进行了检验,这些假设已经得到了实证检验:①除经济等标准外,对生产和消费过程的设计、性能和评估的指标越来越多地关注生态标准。②现代科学技术在这些由生态引发的变革中发挥着关键作用,除生产环节的技术外,还包括了产品链、技术体系和经济部门的变革。③私营经济主体和市场机制在生态重建过程中发挥着越来越重要的作用。④一些环境保护方面的非政府组织改变了他们的意识形态,并将环境问题视为公共和政治议程上的传统战略扩展到参与接近决策过程中心的经济部门和政府代表的直接谈判,并为环境改革的制定提供具体的建议。⑤由于政治层面和经济层面在全球化的过程中紧密联系,因此生态重构将不仅仅在某一个国家进行,还将在全球范围内开展。⑥为了控制生态退化,去工业化的举措只有在经济可行性有限、缺乏思想和政治支持有限的条件下得到应用。

总体而言,生态现代化的核心观点是现代化引发了工业化、技术进步、经济增长等方面的内容不仅可能与生态可持续性相容,而且可能是环境改革的关键动力。同时,现代化晚期阶段可以产生促进生态可持续性的制度结构变化。因此,可以说生态现代化与可持续发展在目标上是具有一致性的。尽管二者有相近的理想和目标,但二者之间仍存在区别。第一,可持续发展关注的重点为代际的公平性,而生态现代化关注的重点并不是代际的公平性,也没有对代内和代际有明显的偏好。第二,可持续发展对现实作出的评估结论是当前人类生产生活的发展方式是不可持续的,这个结论是悲观的,而生态现代化的实证结果表明人与生态环境和谐共存是可以达到的,并且一些国家已经实现了,这个结论使人们对未来充满希望。

不同国家的现代化的路径可能存在差异,这种差异造成了生态环境的不同程度的破坏,但生态治理的制度建设使得城市化与生态可持续性相结合并可实施。生态现代化理论为后文分析城市化进程中保护政策对植被覆盖影响的理论分析奠定了基础。

2.4　紧凑城市理论

2.4.1　紧凑城市理论的形成与发展

紧凑城市理论在 20 世界 70 年代开始受到西方社会的广泛关注,人们开始尝试探索紧凑城市发展的策略。1973 年,美国学者 Dantig 和 Satty 共同撰写的著作《紧凑城市——适于居住的城市环境计划》(*Compact City：Plan for a Liveable Urban Environment*)出版[103]。随后,Dantig 教授在新奥尔良会议上发表了有关"紧凑城市"的演说,阐述了紧凑城市理念形成的原因、要点和需要进一步进行研究的工作领域和相关研究方法等内容。1990 年,欧洲共体委员会(CEC)发布了《城市环境绿皮书》(*Green Paper on the Urban Environment*),该绿皮书提出了紧凑城市的理念,这是首次以官方文件的形式正式提出的,并强调了高密度和复合功能作为欧洲城市的重要性,把紧凑城市看作是一种解决居住和环境问题的重要途径[104]。随后,西方学者针对紧凑城市进行了大量的讨论,包括概念问题、可实施性、经济性、有效性以及可持续性等方面产生了众多分歧。1996 年,英国学者迈克·詹克斯教授出版了学术论文集《紧凑城市——一种可持续发展的城市形态》,该论文集将这些不同的立场进行了汇总和整理,为人们展现了不同视野下的观点和论断,引起较大的反响[105]。

2.4.2　紧凑城市的概念及特征

"紧凑城市"的概念最开始由西方学者们从不同的视角进行去定义,同时把城市空间结构与城市可持续发展之间的关系联系起来。随着研究的深入,西方学者尝试从环境、社会、经济等多维角度去定义"紧凑城市"的概念。紧凑被解释为高密度居住,例如,Elkin 等(1991)提倡城市空间使用的集约化,并强调规划者应以紧凑和高效为目标[106]。Burton(2000)还认为,一般来说,紧凑城市指的是一个相对高密度、多用途的城市,其基础是高效的公共交通系统和鼓励步行和骑自行车的规模[107]。欧洲共同体委员会发布的《城市环境绿皮书》最清楚和最有意义地阐述了紧凑城市作为解决定居问题和环境当务之急的方案的理由,对紧凑城市的倡导不仅基于严格的能源消耗和排放的环境标准,还基于生活质量,其目的在于促进城市土地和能源集约利用,避免城市问题,在现有边界内解决问题。

紧凑城市发展的主要目标是,城市应该在自己的范围内解决自己的问题,避免消耗更多的土地。此外,根据这一目标,旨在缩短住房、工业和商业活动之间的距离,并通过结合更高的密度、更多的功能和社会多样性,以及重新开放城市的废弃区域,最终创建一个多模式的无障碍城市。紧凑城市的一系列特征包含:居住和就业密度高;受控制的城市增长,有清晰的界限划分;减少对汽车的依赖,降低能耗;重复使用基础设施和以前开发的土地;现有城区的复兴和城市活力;高质量的生活;保护绿地;加强商业和贸易活动的环境;混合土地用途;毗邻开发(部分地块或构筑物);多式联运;高可达性;人行道、路缘、自行车道;高度不透水表面覆盖;开放空间比率高;人口多样性;增加社会互动;土地开发规划的统一控制,或密切协调控制。

总体而言,紧凑城市的核心是通过城市紧凑的空间发展战略来实现城市的可持续性,例如增加建筑面积和居住人口密度,加大城市经济、社会和文化的活动强度,从而实现城市生活、经济和环境的可持续发展。该理论为后文的城市化进程对植被覆盖影响的传导路径的理论分析奠定了基础。

2.5 环境库兹涅茨曲线假说

2.5.1 环境库兹涅茨曲线假说的形成与发展

1955 年,美国经济学家库兹涅茨(Kuznets)提出,在增长的经济体当中,人均收入和收入不平等之间呈现倒 U 形关系。随后 Grossman 和 Krueger (1992)通过对 42 个国家环境与经济的横截面数据的分析,发现经济增长与环境污染的时长期关系呈现倒 U 形[108]。随着经济的增长,人们对环境的破坏开始增加,随后呈平稳状态,然后下降,这种假设关系呈现倒 U 形。Panayotou(1993)进一步证实了人均收入水平与环境状况之间呈现倒 U 型曲线关系,由于呈现这一倒 U 形的关系,与表征收入差距演变过程的库兹涅茨曲线相似,因此将经济增长与环境质量这两者的关系命名为环境库兹涅茨曲线假说(Environmental Kuznets Curve,EKC)[109]。这一假设涉及以下几个方面的内容:第一,经济发展存在不同增长阶段,因此经济增长存在着结构性的问题。一方面,在人们收入较低的时候,环境退化的数量和强度仅限于生存型的经济活动对资源的影响,环境退化是有限的,随着经济发展的加速,农业和其他资源的开采和利用日益集约化,工业化进程加速推进,此时需要更多的能源和其他原材料,这些都需要从环境中攫取,资源的利用率损耗开始超过资源再生率,从而增加了向环境排放的废物。另一方面,经济结构随着经济的增长逐步发生变化,制造业规模正在逐步缩小,而服务业的规模则相对扩大,经济增长面向信息密集型产业和服务业,意味着经济从环境中攫取的资源变少,排入环境的废物也相应减少。第二,随着居民人均可支配收入的提高,人们愿意花费更多的资金来改善环境质量,人们的环保意识也不断增强,开始治理环境。第三,在制造业相对转移到服务业的过程中,制造业内部也会发生转移,即原来的生产方式以基本的原料加工为主,现在转向要求更多的高技能熟练的劳动力和高技术的生产设备为主的活动,由此对环境的损害将减小。

2.5.2 环境库兹涅茨曲线假说的研究内容

到目前为止,很多学者对 EKC 假说的真实性做了大量检验,对大量的环境破坏指标进行了观察,结果显示,EKC 不是所有形式的环境破坏都是成立的。一方面,大量的研究采用计量方法拟合环境库兹涅茨曲线,发现确实存在人均收入与环境质量之间的倒 U 形曲线关系[20]。另一方面,研究发现并不是所有实证研究中都存在倒 U 形。例如,Dinda 等(2000)发现悬浮固体颗粒密度与人均收入之间存在正 U 形关系[110]。Dijk 等(2016)考察了 158 个国家的人均收入与 $PM_{2.5}$ 颗粒污染的关系时,并未发现二者之间存在 EKC 曲线[111]。概括来说,大多数研究发现在一个国家(或邻国)范围内,通常 EKC 假说成立,而当涉及的问题跨国界时,通常显示 EKC 假说不成立。可见,对于某种具体的环境破坏或者某种具体的资源类型而言,文献研究出现很大的分歧,这些分歧也反映了定义、数据集和统计方法的差异。

此外,环境库兹涅茨曲线对环境影响的演变机理也提出了多种解释。Grossman 和 Krueger(1995)将经济增长、收入变化对环境的影响分解为规模效应、结构效应和技术效应三类:首先是规模效应,即产出的增加会消耗更多的资源和能源,并带来污染排放的增加,降低了环境质量;其次是技术效应,即随着技术的进步,可以采用清洁生产的工艺代替原有旧的设备,减少了环境破坏和资源消耗,提高了环境质量;最后结构效应,即经济结构的改变降低了对环境的破坏[20]。随后,有学者进一步分析了自由贸易、政府政策等因素对环境的影响。自由贸易使污染企业通过国际贸易和国际直接投资从高收入国家转移到低收入国家,使高收入国家的环境质量变好,但是低收入国家的环境质量遭到破坏。环保政策会改变 EKC 变得扁平或更早出现拐点。

总体而言,环境质量将随着经济的发展而改善。该假说分析的经济在不同增长阶段存在着结构性的问题及演变机理为后文分析城市化进程对植被覆盖的影响关系及城市化进程对植被覆盖的传导路径奠定了理论基础。

2.6　本章小节

本章内容主要对相关概念和相关理论进行梳理。首先,对城市化、城市化进程、植被和植被覆盖的概念内涵进行界定,拓展了城市化的研究视角,将城市化速度和城市化质量纳入城市化进程的分析视角中,为后续考察城市化进程与植被覆盖的关系奠定基础,本书的植被覆盖将采用归一化植被指数作为衡量指标,使获取长时间、大尺度的植被覆盖的情况成为可能;其次,对可持续发展理论、生态现代化理论、紧凑城市理论、环境库兹涅茨曲线假说进行梳理,并说明这些理论与本书研究内容之间的内在联系,确保后续研究具有完整的理论依据。

3 城市化进程与植被覆盖格局形成机理

城市化通常伴随着强烈的土地利用变化,可持续发展的城市化对生态环境影响十分关键。植被覆盖不仅事关我国国土绿化质量,同时也是中国生态文明建设的重要保障。本章将对城市化进程与植被覆盖格局形成机理进行系统梳理。首先,从城市人口、城市规模、城市经济和城市综合服务能力四个方面变化来分析我国城市化发展的情况;其次,了解我国植被覆盖格局的基本情况,并分析我国植被覆盖格局形成的因素;再次,探讨了城市化进程与植被覆盖的主要逻辑关系及非线性关系。最后,以道路建设、产业结构和保护政策为切入点,来分析城市化进程影响植被覆盖的作用机制。

3.1 中国城市化发展

了解城市化进程与植被覆盖形成机理,前提是对城市化发展有清晰的了解。本节从城市人口、城市规模、城市经济和城市综合服务能力四个方面变化来分析我国城市化发展的情况,厘清中国城市化发展所处阶段,为后文分析提供基础。

3.1.1 城市人口

城市化是人类经济社会发展中的重要特征之一,众多学者从时间角度对城市化发展进行了深入研究。其中,美国地理学家诺瑟姆提出的城市化 S 形曲线(诺瑟姆曲线)最具代表性[112]。他通过各个国家城市化水平的变化,研究发现城市化的进程具有阶段性的规律,以城市人口占总人口的比重来衡量城市化发展水平,其增长轨迹伴随着时间的推移大体可以采用一条被略微拉平的 S 形曲线进行描述,即城市化发展的诺瑟姆曲线,即由缓慢增长阶段过渡为快速增长阶段,最终回归与高水平稳定增长阶段。该规律表明一个地区的城市化大致经历三个阶段:第一个阶段为准备阶段,此时的城市化水平在30%以下,发展缓慢;第二个阶段为高速发展阶段,此时的城市化水平在30%~70%,城市化发展迅速;第三个阶段为成熟阶段,此时的城市化水平超过70%,城市化发展趋于平缓。这一阶段性规律高度概括了城市化发展伴随时间变化的趋势,成为后期研究城市发展规律的基础性论点。

城市化的程度或水平通常表示为居住在城市地区的人口百分比,通过比较达到主要标志性人口规模的日期,可以透视中国城市人口的增长和城市化发展(表3-1)。1956年,中国非农业人口首次达到1亿人,占总人口的15.9%;1984年增长到1.9亿用了28年,城市人口占总人口的19%;1990年达到3亿只用了6年;1998年增加到4亿用了8年,占总人口的33.35%;2002年达到5亿仅用了4年,占总人口的39.09%;到2011年城市率达51.27%,中国首次城市人口超过农村人口,意味着中国有一半人口生活在城市地区;到2019年城市化率达62.7%,城市人口超8.8亿。同时,中国农村人口,1956年达到5.2亿,占总人口的84.1%,1987年达到8亿多,1995年达到8.59亿,占总人口的70.96%,此后中国农村人口总数逐渐在减少,到2019年减少到5.2亿,仅占总人口的37.3%。

表3-1 1956—2019年中国城乡人口数

Tab.3-1 Urban and rural population in China from 1956 to 2019

年份	城镇总人口 (万人)	城镇人口占 总人口比重(%)	乡村总人口 (万人)	乡村人口占 总人口比重(%)
1956	10 002	15.90	52 826	84.10
1960	13 073	19.75	53 134	80.25
1970	14 424	17.38	68 568	82.62
1984	19 686	19.00	83 789	81.00
1990	30 195	26.41	84 138	73.59
1995	35 174	29.04	85 947	70.96
1996	37 304	30.48	85 085	69.52
1998	41 608	33.35	83 153	66.65
2002	50 212	39.09	78 241	60.91

续表

年份	城镇总人口（万人）	城镇人口占总人口比重（%）	乡村总人口（万人）	乡村人口占总人口比重（%）
2007	60 633	45.89	71 496	54.11
2011	69 079	51.27	65 656	48.73
2012	71 182	52.57	64 222	47.43
2016	81 924	58.80	57 308	41.20
2019	88 426	62.70	52 582	37.30

数据来源：《中国统计年鉴》。

从以上分析可知，20 世纪 50 年代到 70 年代末，中国城市化进程缓慢，速度总体很低。20 世纪 70 年代末，中国城市化开始恢复并进入加速阶段。到 90 年代进入加速趋势，此时农村及小城镇人口也开始大规模进入城市打工，并定居在城市。一方面，根据诺瑟姆曲线可知，1995 年之前我国城市人口占总人口的比例低于 30%，处于第一个阶段，农业经济占主导地位。从 1996 年开始，城市化人口占比超过 30%，我国进入第二个阶段，农业生产率大幅提高，劳动力逐渐向非农产业进行转移，工业化规模和发展速度明显加快，城市提供了更多的就业机会，农村人口不断向城市迁徙，城市化进入加速发展阶段。当前我国正处于由第二个阶段向第三个阶段迈进的阶段。另一方面，从城市和农村人口的分布趋势可以看出，自 1980 年以来城市人口迅速增长，与此相反农村人口的增长明显放缓，且在 1995 年农村人口规模达到峰值，然后开始缓慢下降。尽管预计人口将继续城市化，但未来城市化的步伐预计将放缓，城市人口的绝对规模和城市人口比例的增长速度都可能放缓。

3.1.2　城市规模

实际上，城市化既指居住在城市地区的人口百分比的增加，也指城市居民数量、城市规模和城市建成区总面积的相应增长。如图表 3-2 所示，1981 年，我国城市建成区面积仅为 7 483 平方公里，1990 年建成区面积增长到 12 855.7 平方公里，增长率为 72%；2000 年建成区面积达到 22 439.3 平方公里，在 1990—2000 年建成区面积的增长率为 75%；2010 年建成区面积增长到 40 058 平方公里，在 2000—2010 年的建成区面积的增长率为 79%；2019 年建成区面积达到

60 312.5 平方公里,在 2010—2019 年建成区面积的增长率为 51%。2019 年建成区面积是 1981 年的 8 倍、1990 年的 4.6 倍和 2000 年的 2.7 倍。同时,从 1983 年开始,城镇地理界限的标准发生了数次变化,这也导致了城市的数量增加,2019 年城市个数为 679,是 1981 年的 3 倍,城市地区的重新分类,也促进了城市化的快速发展。此外,城市人口规模不断在扩大,2005 年 200 万~400 万人口城市个数为 25 个,到 2019 年增长到 44 个。2005 年 400 万以上人口的城市个数为 13 个,到 2019 年增长到 20 个,可见城市不断向大城市和超大城市发展。总体而言,自 1980 年以来,城市的建成区面积在快速扩张,但从不同时间阶段来看,2010 年以后城市面积扩张速度逐渐放缓。

表 3-2   1981—2019 年中国城市规模

Tab.3-2   Urban scale in China from 1981 to 2019

年份	建成区面积(平方公里)	城市个数	地级市及以上城市	按人口分组(地级市级以上城市)			
				400 万以上	200—400 万	100—200 万	20 万以下
1981	7 438	226	—	—	—	—	—
1985	9 386.2	324	—	—	—	—	—
1990	12 855.7	467	—	—	—	—	—
1995	19 264.2	640	—	—	—	—	—
2000	22 439.3	663	—	—	—	—	—
2005	32 520.7	661	286	13	25	75	4
2010	40 058.0	657	287	14	30	81	4
2015	52 102.3	656	295	15	38	94	7
2019	60 312.5	679	297	20	44	98	8

数据来源:《中国城市建设统计年鉴》《中国统计年鉴》。

3.1.3   城市经济

中国城市人口的快速扩张也极大地推动世界城市化的进程。中国城市化的快速扩张也带来了经济增长、产业结构等一系列变化(表 3-3)。第一,衡量经济发展水平的一个重要指标是人均收入水平。1980 年,我国人均国民总收入(人均 GNI)仅为 468 元,到 2019 年人均 GNI 增长到 70 725 元,是

1980 年的 151 倍。其中,2000 年的人均 GNI 为 7 846 元,在 2000 年左右,实现了由低收入国家迈入中低收入的国家;到 2010 年人均 GNI 到达 30 676 元,实现了由中低收入国家迈向了中高收入国家行列。当前,我国正处于由中高收入国家迈向高收入国家的新阶段。与此同时,城市居民人均可支配收入不断增加,可见,城市化与人均收入之间存在着积极的关系。第二,从国内生产总值来看。1956 年中国的 GDP 仅为 1 028 亿元,到 1980 年增长到 4 587.6 亿元,到 2019 年增长到 990 865.1 亿元,比 1956 年翻了 963 倍,比 1980 年翻了 215 倍,经济规模不断增加。其中,2014 年中国 GDP 总量突破 10 万亿美元,稳居全球第二位。尽管经济总量不断提升,但中国经济增长速度从 2003 年的两位数增长下降到 2011 年的个位数增长,经济增长速度下降,经济增长由高速向中高速换挡。第三,从产业结构来看。三个产业生产总值都在逐渐增加,到 1985 年第三产业生产总值超过了第一产业生产总值,到 2015 年第三产业生产总值已经超过了第二产业生产总值。第二产业对 GDP 的贡献率由 1980 年的 85.6% 下降到 2019 年的 32.6%,第三产业对 GDP 的贡献率由 1980 年的 19.2% 上升到 2019 年的 63.5%,在 2015 年时第三产业的贡献率也已经超过了第二产业贡献率。可见,我国经济正在经历以工业为主导的时代向以服务业为主导的时代即后工业化的重大转变。因此,我国经济社会发展步入了新阶段,呈现出人均收入由中高收入向高收入迈进、经济增长由高速向中高速转换、工业化由中期向后期迈进等特点。

表 3-3 1956—2019 年中国经济增长情况

Tab.3-3 Economic growth in China from 1956 to 2019

年份	人均 GNI (元)	城镇居民人均可支配收入(元)	GDP (亿元)	第一产业总值 (亿元)	第二产业总值 (亿元)	第三产业总值 (亿元)	第二产业对 GDP 的贡献率 (%)	第三产业对 GDP 的贡献率 (%)
1956	—	—	1 028.0	443.9	280.7	303.4		
1960	—	—	1 457.0	340.7	648.2	468.1	—	—
1970	—	—	2 252.7	793.3	912.2	547.2	—	—
1980	468	—	4 587.6	1 359.5	2 204.7	1 023.4	85.6	19.2

年份	人均 GNI （元）	城镇居民 人均可支配 收入（元）	GDP （亿元）	第一 产业 总值 （亿元）	第二 产业 总值 （亿元）	第三 产业 总值 （亿元）	第二产业 对 GDP 的 贡献率 （％）	第三产业 对 GDP 的 贡献率 （％）
1985	868	739	9 098.9	2 541.7	3 886.4	2 670.8	61.2	34.8
1990	1 667	1 510	18 872.9	5 017.2	7 744.1	6 111.6	39.8	20.0
1995	5 009	4 283	61 339.9	12 020.5	28 676.7	20 642.7	62.8	28.5
2000	7 846	6 280	100 280.1	14 717.4	45 663.7	39 899.1	59.6	36.2
2005	14 267	10 382	187 318.9	21 806.7	88 082.2	77 430.0	50.5	44.3
2010	30 676	18 779	412 119.3	38 430.8	191 626.5	182 061.9	57.4	39.0
2015	50 047	31 194.8	688 858.2	57 774.6	281 338.9	349 744.7	39.7	55.9
2019	70 725	42 359	990 865.1	70 466.70	386 165.3	534 233.1	32.6	63.5

数据来源:《中国统计年鉴》、国家统计局。

3.1.4 城市综合服务能力

随着城市化的发展,城市综合服务能力不断提升。如表 3-4 所示,用水普及率由 1991 年的 54.8％增长到 2019 年的 98.78％,增长率为 80.26％;燃气普及率由 1991 年度的 23.7％增长到 2019 年的 97.29％,增长率为 310％;人均城市道路面积由 1991 年的 3.4 平方米增长到 2019 年的 17.36 平方米,增长率为 410％;污水处理率由 1991 年的 14.86％增长到 2019 年的 96.81％,增长率为 551％;人均公园绿地面积由 1991 年的 2.07 平方米增长到 2019 年的 14.39 平方米,增长率为 595％;建成区绿化覆盖率由 1991 年的 20.1％增长到 2019 年的 41.51％,增长率为 107％;城镇职工基本养老保险参保人数由 1991 年的 6 740.3 万人增长到 2019 年的 43 487.9 万人,增长率为 545％;城市医疗卫生机构床位数由 2010 年的 230.23 万张增长到 2019 年的 435.15 万张,增长率为 89％。近 30 年间,城市道路、供水、供气等基础设施水平逐步提高,污水处理、公园绿地等生态环境设施逐步改善,城市公共服务进程不断加快,医疗、养老等领域建成了大批基本公共服务设施。城市的综合服务能力不断加快。

表 3-4　2000—2019 年城市综合服务能力情况

Tab.3-4　Comprehensive service capacity of urban from 2000 to 2019

年份	1991	2001	2011	2019
用水普及率(%)	54.8	72.26	97.04	98.78
燃气普及率(%)	23.7	60.42	92.41	97.29
人均城市道路面积(m²)	3.4	6.98	13.75	17.36
污水处理率(%)	14.86	36.43	83.63	96.81
人均公园绿地面积(m²)	2.07	4.56	11.80	14.36
建成区绿化覆盖率(%)	20.10	28.38	39.22	41.51
城镇职工基本养老保险参保人数(万人)	6 740.3	14 182.5	28 391.3	43 487.9
医疗卫生机构床位数(万张)	—	—	247.52	435.15

数据来源:《中国城市建设统计年鉴》《中国统计年鉴》。

　　综上所述,我国城市化步入增速放缓阶段,从城市化速度快速发展转向城市化高质量发展的过程。因此,城市化不仅仅体现在城市居民数量的增长,而是经济、空间和人口的相互协调的过程,是由一系列紧密联系的变化过程所推动,包括经济、人口、政治、文化、科技、环境和社会等丰富的城市化内涵。城市化最终将使城市体系、社会生态、土地利用、建筑环境、城市景观、城市生活发生重大变化。

3.2　中国植被覆盖格局的形成

　　植被属于地球表面的组成部分,是人类生存与发展的不可或缺的自然资源。由于植被具有自然属性,所以并非所有的社会经济活动都会导致植被的改变,植被覆盖格局的演变受到自然和社会经济共同作用的结果。因此,在探究城市化进程与植被覆盖之间的逻辑关系之前,首先要明晰我国植被覆盖的基本情况及植被覆盖格局形成的原因。

3.2.1 植被覆盖格局

3.2.1.1 植被覆盖土地类型情况

植被覆盖格局与土地利用状况紧密相关,因此了解植被相关的土地类型,能够有助于分析我国植被覆盖状况。近四十年来,我国共开展了三次全国土地调查。1984 年 5 月到 1997 年底,第一次全国土地调查。2007 年 7 月 1 日到 2009 年,第二次全国土地调查。2017 年 10 月 16 日,国务院决定自 2017 年起开展第三次全国土地调查。第三次全国国土调查以 2019 年 12 月 31 日为标准时点,全面查清了全国国土利用状况,建立了覆盖国家、省、地、县四级的国土调查数据库。全面掌握了全国主要地类数据(表 3-5),其中,林地28 412.59 万公顷(426 188.82 万亩)。其中,乔木林地 19 735.16 万公顷(296 027.43 万亩),占 69.46%;竹林地701.97 万公顷(10 529.53 万亩),占 2.47%;灌木林地5 862.61 万公顷(87 939.19 万亩),占 20.63%;其他林地 2 112.84 万公顷(31 692.67 万亩),占7.44%。87% 的林地分布在年降水量400 毫米(含 400 毫米)以上地区。四川、云南、内蒙古、黑龙江等 4 个省份林地面积较大,占全国林地的 34%。此外,草地主要分布在西藏、内蒙古、新疆、青海、甘肃、四川等 6 个省份,占全国草地的 94%。园地主要分布在秦岭—淮河以南地区,占全国园地的 66%。64% 的耕地分布在秦岭—淮河以北,黑龙江、内蒙古、河南、吉林、新疆等 5 个省份耕地面积较大,占全国耕地的 40%。与第二次调查相比,10 年间,生态功能较强的林地、草地、湿地、河流水面、湖泊水面等地类合计净增加了 2.6 亿亩。为全面了解我国植被土地利用状况提供了基础。

表 3-5　第二、二次全国国土调查主要数据

Tab.3-5　Main data of previous national land surveys

土地类型	分类	单位	第二次	第三次
耕地		万公顷	13 538.5	12 786.19
园地		万公顷	1 481.2	2 017.16
林地		万公顷	25 395.0	28 412.59
	乔木林	万公顷	—	19 735.16
	竹林地	万公顷	—	701.97
	灌木林地	万公顷	—	5 862.61

续表

土地类型	分类	单位	第二次	第三次
	其他林地	万公顷	—	2 112.84
草地		万公顷	28 731.4	26 453.01
湿地		万公顷	—	2 346.93

数据来源：中华人民共和国自然资源部。

3.2.1.2 林草资源变化情况

从我国植被土地类型来看，主要以林草为主，分析其发展状况，能够更深刻的了解植被覆盖情况。从森林资源情况来看（表 3-6），从新中国成立到 2018 年止，我国先后共完成了 1 次全国森林资源整理统计汇总和 9 次全国森林资源清查。新中国成立初期，我国森林面积为 1 200 000 百公顷，这是分析和研究新中国成立以来中国森林资源发展与变化的基点。到 1962 年首次通过大面积森林资源调查成果进行的统计汇总，森林面积为 1 133 556 百公顷，可以基本反映我国森林资源的概况。此后从 70 年代中期第一次全国森林资源清查开始，共进行了 9 次全国森林资源清查工作。从 80 年代中期第三次全国森林资源清查开始，我国森林面积在持续上升，从 1988 年森林面积为 1 246 528 百公顷，增长到 2018 年的 2 204 462 百公顷，增长率为 76.84%，总体来看，我国森林资源实现了持续稳定的增长，尤其从 1998 年之后，我国森林面积开始了快速增长阶段。

表 3-6 中国历次森林面积统计

Tab.3-6 Previous forest area statistics in China

森林清查	年份区间	森林面积（百公顷）
初次	1949	1 200 000
首次	1950—1962	1 133 556
第一次	1973—1976	1 218 600
第二次	1977—1981	1 152 774
第三次	1984—1988	1 246 528
第四次	1989—1993	1 337 035
第五次	1994—1998	1 589 409

森林清查	年份区间	森林面积(百公顷)
第六次	1999—2003	1 749 092
第七次	2004—2008	1 954 522
第八次	2009—2013	2 076 873
第九次	2014—2018	2 204 462

数据来源:中国森林资源报告、国家林业局森林资源管理司、林业部资源与林政管理司。

我国是一个草原资源大国。从草原资源来看(表3-7),2006年全国草原总面积为579 325万亩,到2009年增长到589 249万亩,但从2016年开始草原总面积开始减少,减少到2017年的567 544万亩。

表3-7 2006—2017中国草原总面积

Tab.3-7 Total grassland area in China from 2006 to 2017

年份	草原总面积(万亩)
2006	579 325
2007	579 405
2008	587 727
2009	589 249
2010	589 249
2011	589 249
2012	589 249
2013	589 249
2014	589 249
2015	589 249
2016	573 871
2017	567 544

数据来源:《中国林草统计年鉴》。

综上所述,我国植被覆盖格局主要以林草为主。尽管我国森林资源实现了持续稳定的增长,尤其从1998年之后,我国森林面积开始了快速增长阶段,但是植被覆盖区域差异较大。

3.2.2 植被覆盖格局形成的自然因素

植被既是一种自然条件,又是一种重要资源,具有生产功能和生态功能。我国植被具有明显的地带性分布特征,从东南到西北依次为森林、草原、荒漠三大基本区域。植被的这种地带性分布特征与地区气候、水文、地形、地貌、地质和土壤都有密切的关系,所以形成了不同地区的植被分布。

从植被与各种自然因素的分布来看,第一,从土地资源的分布和利用来看,耕地资源主要分布在东南部,森林资源集中分布在东北和西南地区,草原、草场集中在北部,而大西北主要集中了沙漠、戈壁、石山、永久积雪和冰川等土地资源。第二,我国是世界上土壤类型最丰富的国家之一,植被与土壤之间的关系历史悠远。从土壤类型来看,我国土壤依次为棕壤、黑钙土、黑垆土、栗钙土、灰钙土、灰棕漠土、风沙土、棕漠土等,植被依次为森林、森林草原、草原、半荒漠和荒漠,其中我国荒漠面积广大,土壤贫瘠,植被稀疏。此外,我国境内还有一些受非地带性因素制约的隐域性植被和土壤,主要有草甸植被—草甸土,石灰岩植被—石灰土,沙丘植被—荒漠土等。第三,我国气候资源丰富,从南到北,包括 6 个热量带,从东到西有 4 个干湿区,我国东南属于季风区,气候温润,分布有各种中生性森林及各种热带、亚热带、暖温带的植物,西北深处亚洲腹地,季风影响微弱,气候干寒,有无林的旱生性草原和荒漠,有各种耐旱、耐寒的植物。

由此可见,我国植被类型丰富、自然因素复杂多样,因此植被与各种自然因素密不可分。但植被与各种自然因素不是一个封闭的静态的关系,二者在一定的时间空间上相互联系、相互作用,彼此之间进行着密不可分的物质、能量和信息交换。植被与自然因素之间的协调发展会促进植被结构和规模的改善,为生态环境提供良好的基础,反之会阻碍整个生态环境的循环发展。

3.2.3 植被覆盖格局形成的社会经济因素

尽管从长期来看植被演变主要受自然因素的影响,但从短期来看,植被受人类活动干扰较大。一方面,在早期,人们需要靠砍伐树木来提供做饭所需要的燃料,这只有在人口较少的情况下,才不对环境构成威胁。随着人口增加和生产力的提高,植被特别是森林作为一种自然资源被砍伐,家用和工业用燃料消耗大量的木材,另外一些地区大力发展木材加工及家具制造产业,促进地区经济发展。

然而过度砍伐会使山体不在有森林覆盖,发生水质下降、土壤侵蚀、生物多样性丧失、气候变化等严重生态环境问题,最终这种效应链条使城市化、人口增长、经济发展、乱砍滥伐、燃料短缺之间形成一种恶性循环。

另一方面,经济社会不得不正确认识可持续发展问题,经济社会通过转变生产方式、消费习惯、加强政策保护手段等措施保护植被资源,减缓森林砍伐,改善和恢复植被水平,以此将植被与社会经济因素紧密地联系在一起。例如,我国东北林区包括大、小兴安岭和长白山地区,是我国最大的天然林区,也曾是我国最大的林木采伐基地,承担着全国计划木材生产量的二分之一以上,由于森林的过渡开发利用和森林的建设和保护力度不足,在 20 世纪 80 年代林区就开始出现森林资源危机问题。1998 年我国开始了天然林资源保护、退耕还林等一系列生态保护工程,东北森林资源才得到了有效保护与恢复。

由此可见,植被与自然因素和社会经济因素的关系密不可分,第一,植被是经济社会活动的重要基础。植被为人类经济社会活动提供了多种资源,人们通过植被提供的物质资料进行生产生活。一方面人们依靠植被来获得原料和能源,另一方面,人们利用它们并以废物的形式将它们还给生态系统,并直接或间接的影响植被生长。第二,经济社会活动作用于植被,决定了植被覆盖的发展方向。人类行为可以对植被及其演化方式产生强有力的影响,人类使用植被资源主要是满足人类的需要,如果这种需要超过某一极限,植被状态会从一个稳定的状态过渡到一个不稳定的状态,此时植被资源可能不能为人类提供服务,甚至会限制人类经济社会活动。此外,人类也可以通过现代化的制度措施来改善植被覆盖水平,使经济社会发展与生态环境之间协调发展。

3.3 城市化进程与植被覆盖格局形成的逻辑关系

城市化进程与植被覆盖之间的逻辑关系就是指城市化系统的各要素与各种植被之间的相互依存、相互协调、相互促进、协调发展的动态关系。这包括了城市化系统中各种社会经济要素和植被之间的互动效应。

3.3.1 城市化进程与植被覆盖的主要逻辑关系

城市化是一种现象,表现为城市人口的增加、经济增长、产业结构变化等方面。植被是区域发展的基本前提,植被不仅能够提供资源、能源等物质基础,而且其地理环境和气候条件等对城市化的进程都有重要影响。因此,城市化进程与植被之间存在相互作用的关系。

从城市化与植被覆盖的逻辑关系框架来看(如图 3-1)。第一,在城市形成初期,农业发展阶段的城市居民往往生活在平原和沿河流域等地,以便更利于获取生活物资。因此,城市化发展对植被具有依赖性,植被是城市化发展的重要基础。第二,随着生产力水平的大幅度提升,城市空间布局不再像以前那样受到自然环境的限制,城市不断扩展到内陆腹地,此时城市扩张不断侵占耕地、林地、草地等自然植被,工业产生的废气、废水等有害物质不断破坏区域生态环境,倒逼城市化速度逐渐放缓,此时的植被对城市化的发展起到了抑制作用。第三,随着城市发展遭到植被破坏的威胁,城市居民对环境诉求提高,城市变得富裕开始有能力治理和保护植被,此时政府开始出台各种保护制度和恢复森林、草地和耕地等生态环境,城市化进程可能促进植被覆盖增长。因此,城市化进程与植被之间的关系是复杂和多方面的。城市化进程并不总是加速植被破坏,但也不能最终减少植被破坏,植被与城市化进程二者不断进行互动反馈,若要实现城市化与植被之间的协调发展,需要通过各种策略减少生态环境的破坏,实现城市的高质量发展。

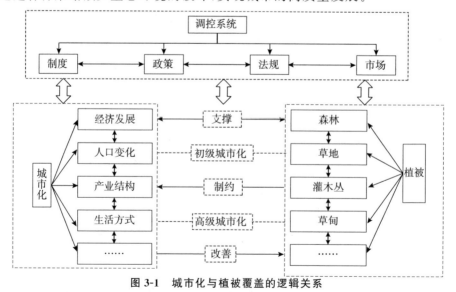

图 3-1　城市化与植被覆盖的逻辑关系

Fig.3-1　Relationship between urbanization and vegetation cover

3.3.2 城市化进程与植被覆盖的非线性关系

环境库兹涅曲线假说的一般形式为,随着经济的发展,人们对环境的破坏开始增加,随后呈平稳状态,然后下降。而经济增长是城市化的根本动因,所以城市化与植被之间的关系可能不是简单的线性关系。一方面城市化快速发展带来了更大的环境负担,随着人民活动水平的增加,对植被的影响随着时间和空间的推移而加剧。另一方面,城市中的经济增长使得采取措施避免植被遭到威胁的能力和政治意愿更高。而这两种趋势的综合结果可能是对植被破坏的影响先上升后下降。

在发达国家,当意识到生态环境遭到威胁时,很多严重的当地环境危害已经被转移或减少,原有的工业生产仅对当地人的家庭和工作场所及周围环境产生影响,而现在却转移到其他国家乃至全球,这些都对全球可持续发展带来了挑战。在中等收入的国家,一方面城市化进程能够改善当地的植被覆盖情况,政府、私营企业和非政府组织的一系列措施可能会解决最严重的植被破坏的问题。另一方面,工业化和城市化可能会增加新的植被破坏,工业占地、房地产开发、道路建设等可能需要更多的土地来满足需求,以至于耕地、草地和林地被大量转化成不透水层,生态环境遭到破坏。

从城市化进程与植被覆盖的时间维度上看,一是一般城市化、工业化初期城市化对植被覆盖产生破坏作用,二者不能协调发展。城市化初期对自然资源的综合开发程度不高,开发深度不够。随着城市经济水平快速提升,城市改变着生态系统的自我条件和自我循环功能。同时,城市通过产业、资金和技术等方面影响着植被覆盖,而且城市居民生活方式、价值观念等也影响着生态环境的保护程度和破坏程度,使得进一步扩大了城市与植被相互作用的内容、相互作用的深度和广度。二是城市化工业化后期城市化进程提升植被覆盖水平,城市化与植被覆盖趋向协调发展。科技的发展,产业结构的升级与转型,人们环保意识的提高,加速了城市化与生态环境协调系统的调整。城市化的不同阶段对植被覆盖也产生了复杂的影响。因此,城市化进程与植被覆盖有可能存在非线性的关系。

3.4　城市化进程对植被覆盖的效应机理

机理是系统内各因素按照一定的运行轨迹和作用方式而存在,以促进系统不断发展。城市化进程是人类社会发展演变的最重要表现之一,而植被是人类赖以生存和繁荣的自然环境和支撑系统。城市化进程在多个尺度上推动了植被覆盖的发展。城市化进程中区域之间的经济发展和贸易往来,促进了交通基础设施的大规模建设,并通过建成后的绿化建设恢复植被覆盖,成为土地覆盖变化的重要因素。工业化推动了城市化,产业结构升级直接改变了生产生活方式,使生态资源压力减轻,从而改变植被覆盖水平。随着城市现代化的发展,以生态环境和城市化协同发展的制度的变革,进一步保护了植被资源,从而提升了植被覆盖水平。城市化进程对植被覆盖的效应机理如图 3-2 所示。

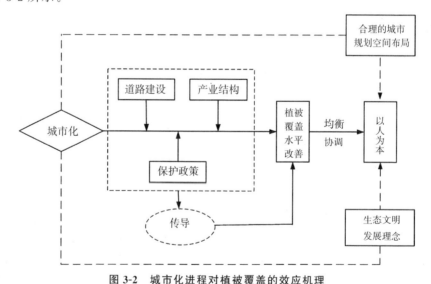

图 3-2　城市化进程对植被覆盖的效应机理

Fig.3-2　Effect mechanism of urbanization on vegetation cover

3.4.1　道路建设的效应

城市化促进了经济发展,引发了交通运输的需求,从而推动了交通基础设施建设。交通基础设施建设往往被认为促进了区域经济发展,同时也促进了城市化的发展。一方面人们认为交通基础设施建设促进城市经济的繁荣,城市间运输业的创新推动了工业化和城市化,提高了内陆地区交通网络的密度。交通系统建设进一步提高了运输速度,扩大了运输系统覆盖的范围,所有这些创新都降低了产品的相对价格,并推动了工业城市的发展。另一方面,交通基础设施增加了农村地区进入城市的机会,因为城市集聚效应可能会导致生产资本和熟练的劳动力随着时间的推移从农村地区转移到城市,推动了城市化进程。最普遍的交通基础设施建设就是道路新建和扩建,而新建道路是不可避免地导致环境破坏,特别是植被的损失,这也是与道路建设相关的最主要的环境问题之一。

道路建设对植被的影响可以是正面的,也可以是负面的。一方面新的道路会导致植被覆盖率降低。其逻辑路径为:第一,城市通过道路建设将农村、乡镇和大城市等不同区域连接在了一起,极大地改善了运输的便利性,在这种背景下,对森林资源,特别是为木材提供了运输的便利条件,致使森林腹地遭到破坏;第二,政府可能为应对当地的经济或政治冲击而连接各县,此时道路延伸增加了工业用地和居住用地的价值,从而引致植被的清理;第三,道路建设作为大规模人工设施,主要发生在建设阶段,建设施工期路基的填筑与开挖、取弃土场等施工都会对周边的植被造成一系列不同程度的破坏,同时道路建设体量庞大,占据了大量的林地、草地、耕地,形成宽阔的空地,如果公路穿过森林,特别是山区路段对森林覆盖率影响很大。例如,在陕西省子靖高速建设时期,占用耕地 44.05 公顷、园地 2.36 公顷、草地 142.11 公顷,分别占总面积的 23%、1%、75%,静安高速延安段建设时期,占耕地 101.43 公顷,园林 3.36 公顷,林地 62.34 公顷,草地 88.96 公顷[113]。

另一方面,道路建设还可能增加植被覆盖率,其逻辑路径是:第一,道路建设增加了交通的便利性,缩短了地区之间的时间成本,为农村居民提供了外部产出和劳动力市场的机会,农村劳动力的转移降低了为农业用地砍伐森林的相对回报,同时劳动力的转移也减少了对森林产品的需求,以致森林等植被得以恢复;第二,道路建成后通常在道路两旁进行绿化。公路绿化主要具有交通功能、环境功能、景观功能和生态功能。例如,在道路两侧绿化,绿化植被可以稳固路基和边坡,保障路体安全,具有交通安全功能,同时路侧绿化可以隔音、降噪、净化空气以减少道路建设和运营对周边环境的影响,具有环境功能;此外,路侧绿化使公路景观融入周围环境,为公路驾乘人员和周边居民提供了良好的视觉景观空间,具有景观功能。因此,道路建成期后的道路绿化会增加植被覆盖。

我国幅员辽阔,人口众多,很大程度上依赖公路来促进国内贸易。1978年,我国公路通车总里程只有89万公里。40多年来,我国建立起了布局合理、广泛覆盖的国家路网体系框架。20世纪90年代末交通部提出了建设"五纵七横"的国家主干线,在2007年实现基本贯通。2004年我国全面实施《国家高速公路网建设规划》。2013年,国家出台《国家公路网规划》,首次将普通公路与高速公路进行综合性布局规划,逐步建立起"首都辐射生活、省级多路联通、地市通达、县县国道覆盖"的国家干线公路网络。截至2020年底,全国公路总里程接近520万公里,高速公路通车里程达到16.1万公里,居世界第一。在公路建设完工后,公路建设必须贯彻国家环境保护的政策,公路建设应根据自然条件进行绿化、美化路容、保护环境(表3-8)。例如:公路中央分隔带绿化需要纵贯全路段,是公路绿化的最基本组成部分,不仅可以分隔不同方向的车道,而且还可以防止车灯炫光干扰,对保障行车安全有重要的意义;边坡绿化主要作用是防止土壤侵袭、稳固路基及边坡。路侧绿化带有缓冲减速、防风防雪、改善周边居民环境、改善生态环境等多方面作用。2019年全国公路交通运输系统全年投入75亿元用于公路绿化,新增公路绿化里程20万公里。截至2019年底,公路绿化率达65.93%。其中,国道绿化率86.72%,省道绿化率82.77%,县道绿化率76.27%,乡道绿化率66.74%,村道绿化率57.26%。

表3-8　中国公路绿化里程和绿化率

Tab.3-8　Highway greening mileage and greening rate in China

年份	公路绿化里程(万公里)	新增公路绿化里程(万公里)	国道绿化里程(万公里)	国道绿化率(%)	省道绿化里程(万公里)	省道绿化率(%)	农村公路绿化里程(万公里)	省道绿化率(%)
2008	161	19	11.3	—	18	—	127.7	—
2010	194.33	17.04	12.99	91.2	23.08	86.4	155.13	53.9
2013	230.7	10.5	—	91.28	—	86.81	—	58.08
2015	—	7.36	15.2	91.17	25.7	87.41	201.6	58.5
2016	—	10.3	26.5	86.9	22.6	81.3	206.5	59.9
2019	—	20	—	96.72	—	82.77	—	—

数据来源:中国国土绿化状况公报。

综上可见,尽管道路建设对植被具有直接的破坏作用,然而道路建设引起的农村人口转移减轻了植被的压力及在道路完工后对道路两侧进行生态恢复,有可能会间接或直接的提升植被覆盖的水平。因此,城市化进程有可能通过道路建设影响植被覆盖的水平。

3.4.2 产业结构的效应

产业结构反映了整体产业中各产业类型所占比例,产业结构的变化反映了整体经济资源在产业间流动的趋势,是资源优化配置的必然过程。

城市化也是由技术变革和结构转型带来的,人们从农村转移到城市,在制造业的工厂工作,城市化人口会显著增加。因此,城市化进程中工业化导致的移民进入城市加速了城市化的进程。城市化促进了产业和经济的发展,但同时也带来了能源效应、植被破坏等问题,从而影响了空气质量和生态环境问题,同时城市化进程的加速也带来了环境污染的治理能力的提高,又会提升生态环境水平。因此,产业结构与植被覆盖之间存在密切的联系。

第一,第二产业尤其是工业活动可能对植被造成破坏影响。一方面工业活动的副产品可能会破坏植被。例如,工业固体废弃物,主要包括煤矸石、尾矿、炉渣、煤粉和化学废物残渣,往往最终进入填埋场或倾倒在废弃场地,造成草地、农作物土地的严重污染,导致植被退化。例如,山西是中国最大的产煤省份之一,河北省是最大的钢铁生产省,不可避免地会产生炉渣、粉尘和尾矿。另一方面工业生产需要扩大建设用地,也会导致植被退化,例如安徽和湖南是中国中部和东部省份的新兴工业省份,不可避免地对建设用地具有强烈的需求,这将导致土地覆盖类型的改变,致使植被退化。

第二,产业结构升级有助于改善植被覆盖水平。对产业结构演变的规律和统计分析可得,随着国民收入的增加,第一产业的国民收入会逐渐下降,而第二、三产业的国民收入会出现上升的趋势。而产业结构由低级形态向高级形态转变的过程或趋势称之为产业结构升级,也就是经济增长方式的转变。产业结构升级体现在微观和宏观层面:一方面从微观层面,产业结构升级体现在企业内部的自身技术进步、劳动力素质提升、生产效率提高、产业链升级等使得资源利用效率提高,那么这种升级将有利于生态环境的改善;另一方面从宏观层面,产业结构升级体现在经济增长方式的转变,由依靠第二产业为主要经济增长方式向第三产业转变。有学者系统分析三大产业对生态环境的影响,结果表明第二产业对生态环境的影响效应最大,第三产业有利于生态环境的改善[114],而整体产业在发展过程中各产业类型的发展也是此消彼长的过程,如果经济增长由第三产业驱动也将改善植被覆盖水平。

从以上分析可以产出,产业结构升级体现在产业内和产业间的合理流动和优化配置,从而有效地降低了生态污染,被认为城市化进程中通过产业结构升级提升了植被覆盖水平。

3.4.3 保护政策的效应

城市化进程中的制度变革能够通过多种途径影响植被覆盖的水平。作为社会结构的重大转换过程,城市化同时受到来自城市和乡村两方面经济社会等多种复杂因素的影响。生态现代化理论在解释现代化对环境的影响时,不仅强调经济现代化,而且强调社会和制度变革。在这一理论中,城市化是社会转型的过程,被视为现代化的重要标志之一。有人认为,环境问题可能会从发展的低级阶段增加到中级阶段。然而,随着社会逐渐认识到环境可持续性的重要性,寻求通过技术创新、城市集聚和向知识和服务型产业的转变将环境影响与经济增长脱钩,进一步的现代化可以将这些问题降到最低。由于资源有限,低发展阶段往往面临与贫困有关的环境问题(如缺乏安全供水和卫生设施不足),然而,随着收入水平的提高,这些问题将逐渐消失。城市财富的增加往往伴随着制造业活动的增加,造成了大量与工业污染有关的问题(如水污染和空气污染)。尽管如此,但由于环境法规的改善、技术进步和经济结构的变化,富裕城市的此类问题有所减少。由此可见,城市化进程中的制度变革是实现城市可持续发展顺利转换的重要保障条件。

作为最大的发展中国家,中国人口占世界的五分之一。中国一直处于工业化和城市化的快速发展进程中,同时也面临着土地退化、资源枯竭、环境污染等生态退化问题,许多人都认为当前的传统工业化道路——工业化和城市化是不可持续的。广泛的生态退化引起了政府和公众的广泛关注。因此,为更好地加强生态文明建设,改善我国植被覆盖水平,我国中央政府及相关部门出台了一系列指导意见及发展规划,促进植被恢复,提高植被覆盖率,推动国土绿化的高质量发展。在政策的引导下,我国国土绿化稳步推进,成效显著。我国政府从 20 世纪 90 年代末开启了几项大规模的生态恢复和保护计划,这些计划主要以保护和恢复植被为主。森林是陆地生态系统的主体,林业是一项重要的公益事业和基础产业,承担着生态建设和林产品供给的重要任务,做好林业工作意义十分重大,本部分重点以林业发展政策为主线进行政策梳理。1998年我国明确了林业发展战略以生态建设为主,我国林业政策发展进入新的阶段。2003年中共中央、国务院印发了《关于加快林业发展的决定》(中发〔2003〕9号),作为我国林业建设史上一个新的里程碑,该决定拉开了经济发展与人口、资源和环境协调发展的序幕,将生态建设确立为我国林业发展的重要内容。2009年6月22日,中央林业工作会议在北京召开,这次会议是新中国成立60年来中央召开的首次林业工作会议,全面推进集体林权制度改革,对生态文明建设和社会主义新农村建设都产生了巨大的推动作用。由于国有林区是我国重要的生态安全屏障和森林资源培育战略基地,2015年2月8日,中共中央、国务院印发了《国有林区改革指导意见》和《国有林场改革方案》,中国林业进入了全面深化的改革阶段,文件也明确了我国森林资源建设以提供生态服务为主。2018年11月,全国绿化委员会、国家林业和草原局发布了《关于积极推进大规模国土绿化的行动》,就积极推动国土绿化行动作出了全面部署。

2020年6月,国家发展改革委、自然资源部联合印发了《全国重要生态系统保护和修复重大工程总体规划(2021—2035年)》。作为新时代国家层面推进生态保护和修复工作的基本纲领,该规划明确提出了青藏高原生态屏障区生态保护和修复重大工程等9大工程。2021年6月,国务院办公厅印发了《关于科学绿化的指导意见》,提出统筹山水林田湖草沙系统治理,走科学、生态、节俭的绿化发展之路,推动国土绿化高质量发展。为详细部署我国"三区四带"的阶段性实施步骤和计划,贯彻落实《全国重要生态系统保护和修复重大工程总体规划(2021—2035年)》中的相关要求,2022年国家林业和草原局、国家发展改革委、自然资源部、水利部印发《东北森林带生态保护和修复重大工程建设规划(2021—2035年)》,在东北森林带生态保护修复将实施六项重点工程;印发了《南方丘陵地带生态保护和修复重大工程建设规划(2021—2035年)》,到2035年基本建成我国南方生态安全屏障;印发了《北方防沙带生态保护和修复重大工程建设规划(2021—2035年)》,到2035年基本建成我国北方生态安全屏障。这些政策文件,对林业转型的总体部署、重点区域进行了规划,在基础设施、体制转型、技术规范等方面给出了相应的政策支持,有力地推动了我国国土绿化、生态文明的进程。

经过几十年的努力,我国国土绿化建设成效显著,生态恶化趋势基本得到遏制。根据《全国重要生态系统保护和修复重大工程总体规划(2021—2035 年)》来看:一是我国森林资源总量持续快速增长。截至 2018 年底,全国森林面积居世界第五位,森林蓄积量居世界第六位,人工林面积长期居世界首位。二是草原生态系统恶化趋势得到遏制。从 2011 到 2018 年,全国草原综合植被盖度从 51% 提高到 55.7%,重点天然草原牲畜超载率从 28% 下降到 10.2%。

可见,在城市化的进程中通过现代化的制度变革,能够实现城市化进程与植被覆盖的协调发展。

3.5 本章小节

本章试图构建一个城市化进程影响植被覆盖的机理框架。为了确保城市化进程与植被覆盖的前后衔接,首先,厘清我国城市化发展基本情况,分析发现我国城市化步入增速放缓阶段,从城市化速度快速发展转向城市化高质量发展的过程。其次,分析我国植被覆盖格局的基本情况,分析可得我国植被覆盖格局主要以林草为主,同时森林面积实现了快速稳定的增长,但植被土地类型地区差异较大。并从影响我国植被覆盖的自然因素和社会经济因素两个角度剖析了中国植被覆盖格局形成的原因,并阐述了植被与自然因素和社会经济因素的关系。在此基础上探讨了城市化进程与植被覆盖的主要逻辑关系。城市化进程在多个尺度上推动了植被覆盖的发展,一方面通过经济社会活动作用于植被覆盖,另一方面通过保护政策等措施改善植被覆盖水平。因此,城市化进程与植被覆盖可能是非线性关系。最后,进一步梳理了城市化进程对植被覆盖可能的传导路径,包括道路建设、产业结构升级和保护政策。本章的机理分析为后续的植被覆盖的格局演变、城市化进程对植被覆盖的影响效应、传导路径和门槛效应的实证分析奠定了理论基础。

4 中国植被覆盖的时空演变分析

改革开放以来,随着我国工业化和城市化的快速发展,生态环境日益严重,我国不断加大对自然生态系统和环境保护力度。根据第四次全国森林资源清查(1989—1993 年)结果,与第二次全国森林资源清查(1977—1981 年)相比,森林覆盖率从 12% 提高至 13.92%,森林覆盖率提高 1.92 个百分点。尽管我国在生态保护方面取得了一定成绩,但在植被覆盖改善方面的进展缓慢。直到 1998 年,因特大洪水的发生,环境保护工作得到前所未有的重视,我国实施了一系列的国土绿化工程,例如天然林保护、退耕还林(草)和植树造林等。然而,尽管截至目前我国重大生态保护和修复工程进展顺利,而且森林覆盖率持续提高,但是我们对近期我国植被覆盖的整体变化趋势依然不清。因此,对于我国 2000 年以来的植被覆盖时空演变、区域差异及动态演进特征进行准确描述性分析,这是本章重点解决的问题,也是进行后续对城市化影响植被覆盖进行量化实证研究的必要基础。

4.1 植被覆盖的数据来源与处理

4.1.1 归一化植被指数

随着越来越多遥感卫星的发射升空,遥感技术不断发展,卫星对地观测技术具有宏观、快速、动态、准确的探测特点,使遥感获取植被覆盖长时间、大尺度的数据研究中具有独特的优势[115]。其中,归一化植被指数(NDVI)是最广泛应用于衡量植被生长状况的植被指数。能够反映植被覆盖、叶面积指数、生长状况等,并广泛用于监测大尺度植被活动的研究,为检测生态环境变化发挥了重要作用[116][117][118][119]。因此,本书将使用归一化植被指数(NDVI)来衡量各地区植被覆盖的水平。

4.1.2　数据来源

本书植被 NDVI 数据为长时间序列 SPOT_Vegetation 植被指数数据集。该数据由欧洲联盟委员会赞助的 VEGETATION 传感器于 1998 年 3 月由 SPOT-4 搭载升空，从 1998 年 4 月开始接收用于全球植被覆盖观察的 SPOTVGT 数据，在 2003 年 1 月基于 SPOT-5 卫星搭载 VEGETATION 传感器获取数据。该数据由瑞典的 Kiruna 地面站负责接收，由位于法国 Toulouse 的图像质量监控中心负责图像质量并提供相关参数，最终由比利时弗莱芒技术研究所（Flemish Institute for Technological Research，Vito）VEGETATION 影像处理中心（Vegetation Processing Centre，CTIV）负责预处理成逐日 1 公里全球数据。数据已经进行了预处理包括大气校正，辐射校正，几何校正等处理。

4.1.3　数据处理

近年来，中国各团队完成了中国子数据集处理工作，其中中国科学院地理科学与环境研究所基于该套数据集生成了中国月度 1 公里植被指数（NDVI）空间分布数据集，采用最大值合成法（Maximum Synthesis Method，MVC）生成的 1998 年以来的月度植被指数数据集。该数据集有效反映了全国各地区在空间和时间尺度上的植被覆盖分布和变化状况，对植被变化状况监测、植被资源合理利用和其他生态环境相关领域的研究有十分重要的参考意义。

本书获取了 SPOT_Vegetation NDVI 数据集的时间跨度为 2000—2019 年，数据为采用最大合成法生成的月度 1 公里植被 NDVI 指数。考虑到中国北方各地区植被生长季开始期和结束期，同时大部分植被在冬季停止生长或被冰雪覆盖，参考其他文献做法[120]，故确定 7、8、9 月为植被生长季。并对 7、8、9 月份植被 NDVI 指数求均值，以代表该年植被覆盖状态。本书基于 ArcGIS 软件进行剪裁和数据提取。省级行政边界采用中国国家基础地理信息中心提供的 1∶400 万省级行政区划矢量图进行裁剪，得到 2000—2019 年中国行政区划植被覆盖栅格影像，地理数据的参考系为 WGS-84 坐标系，空间分辨率为 1 公里。

4.2 研究方法

4.2.1 Dagum 基尼系数及其分解方法

为全面刻画我国植被覆盖的地区差异及来源,本书使用 Dagum 基尼系数的分解方法。基尼系数用于评估地区不平等性,但传统方法无法进行地区差异中的分解和样本描述,而 Dagum 基尼系数及分解方法能够解决这一问题[121]。本书采用 Dagum(1997)提出的将基尼系数按子群分解的思想,实证测度中国植被覆盖的空间分异程度。与传统基尼系数和泰尔指数不同,Dagum 基尼系数方法可以将总体分解为地区内差距、地区间差距及超变密度,从而更好地揭示植被覆盖的空间差距的来源。具体 Dagum 基尼系数计算公式为:

$$G = \frac{\sum_{j=1}^{k}\sum_{h=1}^{k}\sum_{i=1}^{n_j}\sum_{r=1}^{n_k}|y_{ji}-y_{hr}|}{2n^2\mu} \tag{4-1}$$

其中,G 为中国(或某区域)植被覆盖的内部差异;$y_{ji}(y_{hr})$ 是 $j(h)$ 地区内任意省份的植被覆盖;μ 是全国 31 个省份植被覆盖的均值;$n=31$,表示全国 31 个省份;$k=4$,即本书所划分的区域数量;$n_j(n_h)$ 是 $j(h)$ 区域内省份数量。Dagum 基尼系数被分解为区域内差异的贡献(G_w)、区域间净值差距贡献(G_{nb})和超变密度贡献(G_t)三部分,其公式如下:

$$G_w = \sum_{j=1}^{k}G_{jj}p_j s_j \tag{4-2}$$

$$G_{jj} = \frac{\sum_{r=1}^{n_j}\sum_{r=1}^{n_j}}{2\mu_j n_j^2} \tag{4-3}$$

其中,G_w 为植被覆盖区域差异形成过程中四大区域内部差异的贡献,其中 G_{jj} 为 j 区域内的基尼系数,$p_j=n_i/n$,$s_j=n_i\mu_i/n\mu_i$,据此可得:

$$G_{nb} = \sum_{j=2}^{k}\sum_{h=1}^{j-1}G_{jh}(p_j s_h + p_h s_j)D_{jh} \tag{4-4}$$

$$G_t = \sum_{j=2}^{k} \sum_{h=1}^{j-1} G_{jh}(p_j s_h + p_h s_j)(1 - D_{jh}) \tag{4-5}$$

G_{nb} 为四大区域之间净差值得贡献率，G_t 为区域间超变密度贡献率，即存在区域间交叉项，$p_h = n_h/n$，$s_h = n_h \mu_h / n \mu_h$，$G_{jh}$ 为 j 和 h 两区域之间植被覆盖差距的基尼系数，D_{jh} 为 j 和 h 两区域植被覆盖的相对影响：

$$G_{jh} = \frac{\sum\limits_{i=1}^{n_j} \sum\limits_{r=1}^{n_h} |y_{ji} - y_{hr}|}{n_j n_h (\mu_j + \mu_h)} \tag{4-6}$$

$$D_{jh} = \frac{d_{jh} - p_{jh}}{d_{jh} + p_{jh}} \tag{4-7}$$

对于连续的密度分布函数 $F_j(y)$ 和 $F_h(y)$，d_{jh} 与 p_{jh} 的计算式分别为：

$$d_{jh} = \int_0^\infty dF_j(y) \int_0^y (y - x) dF_h(x) \tag{4-8}$$

$$p_{jh} = \int_0^\infty dF_h(y) \int_0^y (y - x) dF_j(x) \tag{4-9}$$

4.2.2　Kernel 密度估计

为进一步判断我国植被覆盖的分布形态、位置和演进态势，本书使用 Kernel 密度估计的图形对比进行分析。Kernel 密度估计能够有效地展示中国植被覆盖分布的动态演进情况，通过核密度估计结果中植被覆盖分布的位置、形态和延展性等信息来分析中国及四大区域植被覆盖的分布特征，以及随时间、空间变化的演进趋势。核密度曲线分布的位置反映植被覆盖的高低，其中波峰的高度和宽度反映植被覆盖在区域间的聚集和分散程度，波峰数量反映极化程度；分布延展性用来刻画植被覆盖程度最高的省份和其他省份之间区域差异的大小，拖尾越长，则差异越大[122]。

$$f(x) = \frac{1}{Nh} \sum_{i=1}^{N} K\left(\frac{X_i - \overline{x}}{h}\right) \tag{4-10}$$

其中，$f(x)$ 代表核密度估计量；N 是评价区域观测值的个数；X_i 为独立同分布的观测值；$\overline{x}$ 为观测值的均值；h 为带宽，带宽越小核密度估计越精确；$K(\cdot)$ 为核密度函数。本书采用高斯核函数进行估计，核函数为：

$$K(x) = \frac{1}{\sqrt{2x}} \exp\left(-\frac{x^2}{2}\right) \tag{4-11}$$

4.3 植被覆盖的变化趋势分析

4.3.1 植被覆盖的时间变化趋势分析

4.3.1.1 植被覆盖的整体时间变化趋势分析

为了更好地揭示了我国植被覆盖的时间变化特征,图 4-1 给出了 2000—2019 年植被覆盖的时间演变趋势。就整体而言,我国植被覆盖呈现波动上升的趋势,植被 NDVI 从 2000 年 0.620 上升到 2019 年的 0.689,增长率为 11%。根据不同阶段的变化特征,我国植被覆盖演变大致可以划分为三个阶段:第一阶段,2000—2002 年植被 NDVI 相对平稳,在 2000 年为研究期间最低点 0.620,增长率为 1.02%,这一时期的整体植被覆盖变化不大。第二阶段,2003—2008 年为我国植被覆盖稳定增长阶段。植被 NDVI 呈现出上升趋势,2003 年植被 NDVI 为 0.647,在 2008 年植被 NDVI 达到本阶段最大值 0.669,增长率为 2.84%。第三阶段,2009—2019 年为快速增长阶段。从 2009 年到 2019 年植被 NDVI 增长了 5.08%,在 2018 年为我国这 20 年以来的最大 NDVI 值 0.694,这一时期植被覆盖呈现出快速上升的趋势。表明 20 年间我国植被 NDVI 整体呈现逐渐增加趋势。为了应对生态系统退化和气候变化的极端社会后果,我国在过去 30 年里一直在实施生态恢复计划。例如,在 1998 年之后,中国开始实施了大然林保护计划。为了防止风沙和保护水土,实施了两项植被恢复计划,始于 20 世纪 70 年代末的三北防护林计划,始于 21 世纪初的京津风沙源控制项目,这些项目旨在控制沙尘暴和土壤侵袭危害,改善区域环境。由于实施大规模的植被重建计划,到 2015 年植被恢复后,中国的植被覆盖面积有所增加。总体来看,我国植被覆盖水平呈现波动上升趋势,

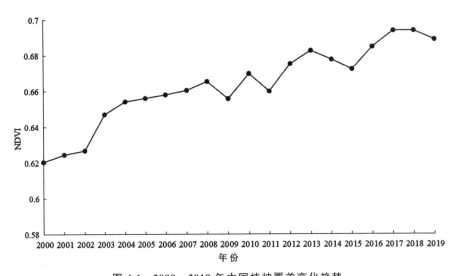

图 4-1　2000—2019 年中国植被覆盖变化趋势

Fig.4-1　Change trend of vegetation cover in China from 2000 to 2019

4.3.1.2　不同等级植被覆盖的时间变化趋势分析

为了更好地量化评价植被覆盖演变特征,本书参照水利部颁布的《土壤侵袭分类分级标准》(SL190-1996),根据我国植被 NDVI 数值分布情况,将植被覆盖分为五个等级,即低植被覆盖(0~0.15)、中低植被覆盖(0.15~0.35)、中等植被覆盖(0.35~0.55)、中高植被覆盖(0.55~0.75)、高植被覆盖(0.75~0.92),并进行分级统计。

根据上文给出的植被覆盖五个等级的分类,本书对 2000 年、2005 年、2010、2015 和 2019 年各等级植被覆盖面积占比进行统计(表 4-1)。从表 4-1 可得,从 2000 年到 2019 年高植被覆盖地区面积占比明显增加,约增加 19.52%,其他等级植被覆盖面积占比约不同程度减少。2000 年我国中高植被覆盖面积占比为 30.11%,是我国植被覆盖的主体。2000—2019 年中等植被覆盖面积占比由 10.42% 下降到 8.44%,中高植被覆盖面积占比由 30.11% 下降到 15.52%,而高植被覆盖面积占比由 21.95% 上升到 41.47%,到 2019 年高植被覆盖已经成为我国植被覆盖的主体。总体而言,从 2000 年到 2019 年,我国植被覆盖呈现由中等、中高植被覆盖向高植被覆盖逐渐演进的趋势,我国植被覆盖整体呈显著增加的趋势。

表 4-1 中国各等级植被覆盖面积占比统计(%)

Tab.1 Statistics of the proportion of vegetation coverage at different levels in China（%）

分级	2000	2005	2010	2015	2019
低	23.60	22.44	20.52	24.17	22.52
中低	13.91	13.54	14.21	12.12	12.05
中等	10.42	8.69	9.15	8.21	8.44
中高	30.11	20.95	19.95	16.32	15.52
高	21.95	34.38	36.18	39.19	41.47

注:低植被覆盖(0～0.15),中低植被覆盖(0.15～0.35),中等植被覆盖(0.35～0.55),中高植被覆盖(0.55～0.75),高植被覆盖(0.75～0.90)。

4.3.2 植被覆盖的空间变化趋势分析

4.3.2.1 植被覆盖的整体空间变化趋势分析

根据上文给出的植被覆盖五个等级的分类。从整体上看我国植被覆盖情况,植被覆盖低值区主要集中在天山山脉、塔里木盆地、准噶尔盆地、内蒙古高原、祁连山脉以及青藏高原,其原因是这些地区处于高原山地气候和温带大陆性气候区,受气温、降水、土壤和地形等自然因素影响较大,其土地覆盖类型主要为戈壁、荒漠及高寒植被,植被覆盖占比较小,水热条件较差,不利于植被的健康生长。植被覆盖高值区主要分布在小兴安岭、大兴安岭、长白山脉、秦岭及长江流域以南的大部分地区,其原因是这些地区处于温带季风气候区、亚热带季风气候区和热带季风气候区,水热条件较好,主要植被覆盖类型为常绿阔叶林、温带落叶阔叶林、针叶阔叶混交林以及热带季雨林,植被覆盖较高,长势较好。此外,从时间维度看,2000 年仅有东北地区、浙江省、云南省和四川省部分地区在空间分布上呈现出高植被覆盖区域,中国东部区域中高植被覆盖占比较大。2005 年原有高植被覆盖区域面积增大,并使周围植被覆盖水平提升,到 2015 年东部地区整体上已由高等植被覆盖面积为主导。2019 年我国东部地区几乎全部呈现出高等植被覆盖的空间分布。

4.3.2.2 区域植被覆盖的变化趋势分析

尽管 2000—2019 年我国植被覆盖整体呈现上升趋势,但由于自然条件和经济活动差异,不同地区的植被覆盖变化存在一定差异。因此,图 4-2 描述了我国东部、东北、中部和西部地区①植被覆盖的变化趋势。可以看到,四个地区都呈现出整体上升的趋势。其中,东北部地区从 2000 年的 0.742 上升到 2019 年的 0.834,西部地区从 2000 年的 0.482 上升到 2019 年的 0.571,上升趋势较为明显。而东部和中部地区整体上升趋势较为平稳,东部地区 2000 年植被 NDVI 为 0.686 到 2019 年为 0.729,上升幅度较小;中部地区 2000 年植被 NDVI 为 0.663 到 2019 年增长到 0.733。同时,在 2012 年之前,中部地区植被覆盖低于东部地区的植被覆盖,但在 2013 年以后开始超过东部地区。总体上我国植被覆盖明显刻有自然条件和经济活动地带性差异的烙印,呈现东北、东、中和西部阶梯式递减的分布格局。通过分析可以看到,地区间植被 NDVI 呈现普遍上升趋势,我国绿色生态环境得到显著改善。总体来看,四个地区植被覆盖水平都呈现出整体上升的趋势,且呈现东北、东部、中部和西部阶梯式递减的分布格局。

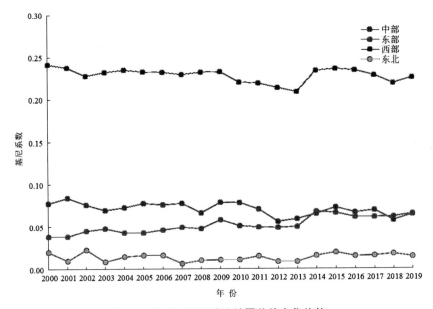

图 4-2　中国不同区域植被覆盖的变化趋势

Fig.4-2　Change trend of vegetation cover in different regions in China

---

①　东部地区:河北、北京、天津、山东、江苏、上海、浙江、福建、广东与海南;东北地区:辽宁、吉林和黑龙江;中部地区:山西、河南、安徽、湖北、湖南、江西;西部地区:内蒙古、陕西、甘肃、宁夏、青海、新疆、四川、云南、贵州、西藏、重庆和广西。

4.3.2.3　各省植被覆盖的变化趋势分析

为了更好地定量分析中国各省级行政区划的植被覆盖分布特征,本书图 4-3 给出了各省级行政区划的植被 NDVI 指数的平均值。植被 NDVI 指数大于 0.78 的省份为黑龙江省(0.837)、吉林省(0.811)、辽宁省(0.787)和福建省 (0.783),这四个省份的植被 NDVI 指数均值较高,主要是由于黑龙江、吉林和辽宁省的自然景观主要以林地为主,林地是土地利用的主要类型。而福建省地处中国南方亚热带气候区,气候条件较好,是中国森林覆盖率较高的省份。植被 NDVI 指数均值小于 0.6 的省份依次为上海市(0.541)、内蒙古自治区(0.454)、宁夏回族自治区(0.385)、青海省(0.315)、甘肃省(0.357)、西藏自治区(0.300)和新疆维吾尔自治区(0.180),其中上海市的植被 NDVI 指数均值较小可能是受人类活动的强烈影响所致,上海市是我国城市化率最高的地区,经济发达、人口稠密,土地资源紧张,从而用于植被的土地类型较少;而内蒙古自治区、新疆维吾尔自治区、宁夏回族自治区和甘肃省主要是受气候特征、地理位置等自然因素的影响;同样,西藏自治区和青海省的植被 NDVI 指数均值较小的原因可能主要受海拔高度和气温等自然因素的影响,高海拔区域则气温较低,从而限制植被的生长。总体来看,各省份植被 NDVI 指数均值差异不大,但个别省份植被 NDVI 指数较小。

图 4-3　中国各省份植被覆盖的变化趋势

Fig.4-3　Change trend of vegetation cover in various provinces in China

4.4 基于 Dagum 基尼系数的植被覆盖区域 差异及其演变趋势分析

为了更深入地认识中国植被覆盖的地区差异,按照 Dagum(1997)基尼系数及其分解方法,计算出 2000—2019 年中国植被覆盖的总体基尼系数,并进一步分解、测算出东、中、西和东北四个区域的基尼系数及贡献,根据上文公式测算出中国及四个区域植被覆盖的 Dagum 基尼系数(如表 4-2)。

4.4.1 植被覆盖的总体地区差异及其演变趋势分析

图 4-4 描述了中国植被覆盖的总体差异及演变趋势。可以看出,中国植被覆盖的总体地区差距波动较大,2000—2019 年总体基尼系数呈现出"下降—上升—下降"的态势,呈现出波动中下降的趋势,这说明中国植被覆盖的地区差异呈现缩减趋势。其中,从 2000 年到 2009 年总体基尼系数变化不大,总体较为平稳,地区差异较小;而从 2010 年到 2013 年总体基尼系数为快速下降阶段,地区差异在快速缩小;从 2014 年到 2015 年急剧分化,从 2016 年开始波动下降,于 2019 年下降到 0.127。整体而言,中国植被覆盖水平的总体地区差异呈现缩小趋势。

表4-2 中国植被覆盖的Dagum基尼系数及其分解结果

Tab.4-2 Dagum gini coefficient of vegetation cover and decomposition results in China

年份	总体差异	区域内差异				区域间差异						贡献率%		
		中部	东部	西部	东北	中东	中西	中东北	东西	东-东北	西-东北	地区内	地区间	超变密度
2000	0.131	0.077	0.039	0.242	0.020	0.065	0.208	0.062	0.199	0.043	0.216	22.37	61.77	15.85
2001	0.132	0.084	0.039	0.237	0.010	0.067	0.202	0.081	0.195	0.052	0.223	22.16	63.38	14.46
2002	0.129	0.076	0.045	0.228	0.023	0.067	0.197	0.068	0.187	0.057	0.215	22.61	60.23	17.16
2003	0.129	0.069	0.048	0.232	0.008	0.062	0.196	0.068	0.191	0.059	0.219	22.72	60.97	16.32
2004	0.130	0.073	0.043	0.235	0.015	0.063	0.202	0.062	0.192	0.056	0.220	22.43	61.22	16.35
2005	0.131	0.077	0.043	0.233	0.016	0.067	0.201	0.070	0.190	0.063	0.223	22.32	60.72	16.96
2006	0.131	0.076	0.046	0.232	0.016	0.068	0.202	0.065	0.189	0.061	0.220	22.55	59.71	17.73
2007	0.130	0.077	0.049	0.229	0.006	0.069	0.193	0.071	0.185	0.067	0.215	23.00	58.08	18.92
2008	0.131	0.066	0.048	0.232	0.010	0.060	0.197	0.075	0.190	0.072	0.231	22.23	61.93	15.83
2009	0.132	0.078	0.058	0.232	0.011	0.073	0.195	0.065	0.189	0.060	0.210	23.81	56.30	19.89
2010	0.128	0.078	0.051	0.220	0.011	0.071	0.191	0.066	0.179	0.068	0.210	23.09	57.19	19.73
2011	0.127	0.070	0.049	0.219	0.015	0.063	0.186	0.079	0.179	0.075	0.221	22.63	60.04	17.33
2012	0.120	0.056	0.049	0.214	0.008	0.055	0.175	0.069	0.171	0.070	0.209	22.96	60.19	16.85
2013	0.118	0.059	0.050	0.209	0.008	0.059	0.172	0.061	0.165	0.069	0.197	23.51	58.63	17.86
2014	0.132	0.065	0.067	0.234	0.016	0.071	0.184	0.068	0.185	0.073	0.198	24.86	51.06	24.08
2015	0.136	0.073	0.066	0.236	0.019	0.074	0.192	0.070	0.190	0.077	0.208	24.33	52.57	23.10
2016	0.131	0.066	0.061	0.234	0.015	0.070	0.189	0.060	0.187	0.067	0.198	24.41	52.49	23.10
2017	0.128	0.069	0.061	0.228	0.016	0.070	0.185	0.058	0.182	0.064	0.195	24.55	52.93	22.52
2018	0.122	0.057	0.062	0.219	0.018	0.064	0.173	0.059	0.172	0.068	0.191	24.73	54.58	20.68
2019	0.127	0.064	0.065	0.226	0.014	0.069	0.178	0.064	0.178	0.069	0.189	24.97	50.61	24.42

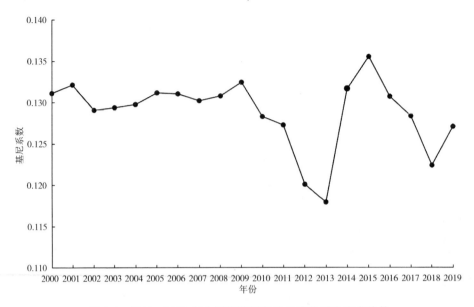

图 4-4　2000—2019 年中国植被覆盖的总体差异及演变趋势

Fig.4-4　Overall difference and evolution trend of vegetation cover in China from 2000 to 2019

4.4.2　植被覆盖的地区内差异及其演变趋势分析

图 4-5 给出了中国四大地区植被覆盖的区域内差异及演变趋势。从 2000 年到 2019 年,地区内差异由大到小的依次排序为西部、中部、东部和东北。就变化趋势而言,四大地区均具有显著的差异。西部地区从 2000 年 0.242 持续下降到 2013 年的 0.209,下降趋势较为明显,2014 年有短暂上升出现研究时间段的峰值,达到了 0.234,到 2019 年降至 0.226,总体上呈现出"持续下降—短暂上升—下降"的发展趋势,与东部和中部相比,西部地区内部差异最大。而中部地区则呈现出"下降—短暂上升—下降"的发展趋势,总体上变动幅度较小,内部差异较为稳定。而东部地区总体上呈现出波动上升的趋势,2000 年为最低值 0.037,到 2019 年为 0.063,从 2014 年开始东部地区内部差异呈现出逐渐接近中部地区内部差异的曲线,中部和东部地区呈现出结构性变化。东北地区从 2000 年 0.020 下降到 2013 年的 0.008,之后从 2014 年开始有小幅增加,到 2019 年为 0.014,整体上变动幅度较小。整体而言,东部地区植被覆盖水平内部差异呈现增加趋势,中部、西部和东北地区植被覆盖水平内部差异呈现减小趋势。

图 4-5　2000—2019 年四大区域植被覆盖的区域内差异及演变趋势

Fig.4-5　Regional differences and evolution trend of vegetation cover in

four regions from 2000 to 2019

4.4.3　植被覆盖的地区间差异及其演变趋势分析

图 4-6 描述了 2000—2019 年中国植被覆盖区域间差异及其演变趋势。可以看出,西部地区与其他三区域的区域间差异较大,同时存在下降趋势,西—中、西—东和西—东北地区的区域间差异下降幅度分别 14.22％,10.40％和12.44％。2013 年,西—中和西—东地区的区域间基尼系数达到考察期内最小值,分别为 0.172 和 0.165,此后开始出现波动上升,但总体趋势呈现下降态势。西—东北地区处于波动下降趋势,到 2019 年为区域间基尼系数的最小值 0.189。区域间差异较小的是中—东、中—东北和东—东北地区,区域间差异的基尼系数均值分别为 0.066、0.067 和 0.064,但其区域间基尼系数都呈现上升趋势,中—东、中—东北和东—东北地区的区域间差异上升幅度分别为 6.56％、3.33％和 61.62％,其中东—东北地区区域间上升幅度最大,说明东—东北地区区域间差距不断扩大。整体来说,除东—东北地区

植被覆盖水平区域间差距在不断扩大,其他地区植被覆盖水平整体上差异基本保存不变或差距在逐渐缩小,区域间植被覆盖水平发展协调。

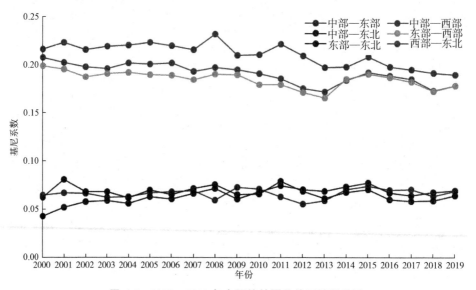

图 4-6　2000—2019 年中国植被覆盖的区域间差异

Fig.4-6　Regional differences of vegetation cover in China from 2000 to 2019

4.4.4　植被覆盖的地区差异来源及其贡献率

图 4-7 描述了 2000—2019 年中国植被覆盖水平总体差距的来源及其贡献率。可以看出,中国植被覆盖的总体差异由区域内差异、区域间差异引起,其中区域间差异贡献包括区域间超变净值和区域间超变密度两部分,由图可知区域间差异一直占主导地位。根据图 4-7,区域内差异对植被覆盖的总体差异的贡献比较稳定,在 22.16%～24.97% 区间内波动,平均贡献率为23.31%,并出现微增的趋势。区域间差异是植被覆盖差异的主要来源,并在波动中逐渐下降,波动区间在 75.03%～77.84%,平均贡献率为 76.69%,其中区域间超变净值差异贡献率在波动中呈现下降趋势,波动幅度较大,贡献率介于 50.61%～63.83%,平均贡献率为 57.73%。区域间超变密度贡献总体呈现上升趋势,贡献率介于 14.46%～24.42%,平均贡献率为 18.96%。在样本研究期间,区域间超变净值差异的贡献始终较大,意味着不同区域间植被覆盖的净差异较大,造成全国植被覆盖的差异。这种植被覆盖在区域内和区域间的差异,主要是由于不同地区自然资源禀赋的差异造成的。但近年来

尤其 2014 年以后,地区间超变净值差异在快速减小,说明不同的生态恢复政策和生产要素的投入对植被覆盖的区域间差异产生了缩小的趋势。整体而言,中国植被覆盖水平的地区间差异的贡献率总体上呈下降趋势,而超变密度的贡献率呈现上升趋势,地区内差异的贡献率变化不明显。地区间差异的来源是中国植被覆盖水平总体差异的主要来源。

图 4-7　2000—2019 年中国植被覆盖区域差距的空间来源

Fig.4-7　Spatial sources of regional gap in vegetation cover in China from 2000 to 2019

4.5　基于 Kernel 密度估计的植被覆盖时空动态演变分析

通过 Dagum 基尼系数,对中国植被覆盖的地区差异及其来源进行了细致分析,但仅反映的是相对差异。因此,本书利用 Kernel 密度估计来分析中国植被覆盖的绝对差异和动态演进。

4.5.1　全国植被覆盖的时空动态演变分析

图 4-8 为 2000—2019 年全国 31 个省份 Kernel 密度估计的三维透视图。

结果可见,全国植被覆盖的分布动态呈现如下特征:第一,样本观测期间全国植被覆盖的 Kernel 密度函数的中心点逐渐向右移动,这表明全国植被覆盖正不断提升。第二,Kernel 密度函数的峰值持续增大,主峰高度不断提高,主峰宽度不变,这在一定程度上反映了全国 31 个省份的植被覆盖分布呈集中趋势。第三,全国植被覆盖分布呈现"左拖尾",延展性变化不大,这说明全国植被覆盖的差异并未加大,意味着植被覆盖高的省份(如黑龙江省、吉林省)与植被覆盖低的省份(如新疆维吾尔自治区、西藏自治区)之间的差异没有拉大。第四,全国植被覆盖的核密度曲线呈现单峰分布形式,说明没有出现极化现象。总体表明,全国植被覆盖在提高且表现出绝对差异在减小的趋势。

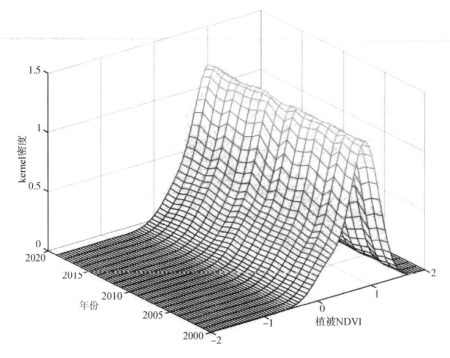

图 4-8　2000—2019 年全国植被覆盖分布的动态演变

Fig.4-8　Dynamic evolution of vegetation cover distribution in China from 2000 to 2019

4.5.2　东部地区植被覆盖的时空动态演变分析

图 4-9 为 2000—2019 年东部地区 Kernel 密度估计的三维透视图。结果可见,东部地区植被覆盖的分布动态呈现如下特征:第一,东部地区与全国植

被覆盖的演变趋势基本保持一致,总体表现为向右移趋势,表明东部地区植被覆盖不断提升。第二,东部地区植被覆盖的分布呈现主峰高度总体趋势提高,个别年份出现较大幅度下降,主峰宽度无较大变化,说明东部地区植被覆盖分布呈现集中趋势。第三,东部地区植被覆盖分布呈现"左拖尾",延展性变化不大,说明东部地区植被覆盖的差异并未逐步扩大,意味着植被覆盖高的省份与低的省份之间的差异没有逐渐拉大。第四,东部地区植被覆盖的核密度曲线呈现单峰分布形式,说明没有出现极化现象。总体表明,东部地区植被覆盖水平也在提高,除个别年份绝对差异呈不断减小趋势。

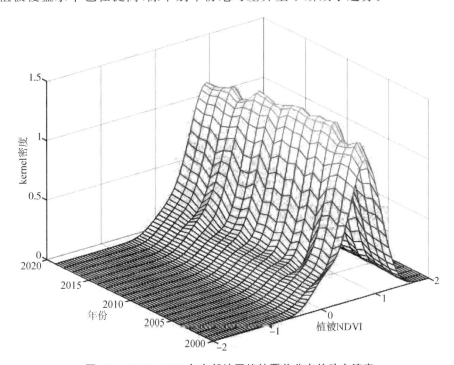

图 4-9　2000—2019 年东部地区植被覆盖分布的动态演变

Fig.4-9　Dynamic evolution of vegetation cover distribution in
Eastern China from 2000 to 2019

4.5.2　东北地区植被覆盖的时空动态演变分析

图 4-10 为 2000—2019 年东北地区 Kernel 密度估计的三维透视图。结果可见,东北地区植被覆盖的分布动态呈现如下特征:第一,从分布位置视角来看,东北地区的植被覆盖分布曲线主峰位置总体上并未表现出移动。第

二,从分布形态视角来看,主峰位置高度没有集中趋势,有些年份波动较大。第三,从分布延展性视角来看,东北地区分布曲线并未体现出拖尾现象,说明三个省份间区域差异不大。第四,Kernel 密度函数存在两个波峰,但两峰距离较近,考察期内波峰形态由"尖"变"扁"。存在这些现象的原因是由于东北地区包括黑龙江省、吉林省和辽宁省三个省份,而这三个省份是我国林地覆盖较高的地区,考察期内植被 NDVI 指数均值处于全国前三名,Kernel 密度函数曲线虽然集中趋势不明显,但始终在一个较高的水平上波动。总体表明,东北地区植被覆盖并未表现出绝对差异增加的趋势。

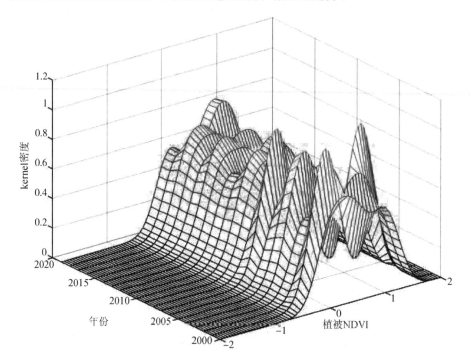

图 4-10 2000—2019 年东北地区植被覆盖分布的动态演进

Fig.4-10 Dynamic evolution of vegetation cover distribution in Northeast China from 2000 to 2019

4.5.3 中部地区植被覆盖的时空动态演变分析

图 4-11 为 2000—2019 年中部地区 Kernel 密度估计的三维透视图。结果可见,中部地区植被覆盖的分布动态呈现如下特征:第一,中部地区植被覆盖分布曲线总体表现为向右移动趋势,这表明中部地区植被覆盖逐步提升。

第二,中部地区植被覆盖的分布呈现主峰高度逐渐升高,主峰宽度无较大变化,这在一定程度上反映了中部地区各省份的植被覆盖分布呈集中趋势。第三,中部地区植被覆盖分布呈现"左拖尾",分布延展性无较大变化,这说明中部地区植被覆盖的差异并未逐步扩大,意味着植被覆盖高的省份(如湖北省)与植被覆盖低的省份(如内蒙古自治区)之间的差异没有逐渐拉大。第四,中部地区植被覆盖的核密度曲线呈现单峰分布形式,说明没有出现极化现象。总体来看,中部地区植被覆盖整体在提高,且表现出绝对差异不断缩小的趋势。

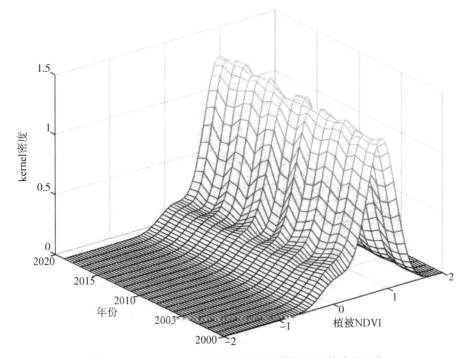

图 4-11　2000—2019 年中部地区植被覆盖分布的动态演变

Fig.4-11　Dynamic evolution of vegetation cover distribution in Central China from 2000 to 2019

4.5.4　西部地区植被覆盖的时空动态演变分析

图 4-12 为 2000—2019 年西部地区 Kernel 密度估计的三维透视图。结果可见,西部地区植被覆盖的分布动态呈现如下特征:第一,从分布位置视角来看,中部地区 Kernel 密度函数的中心点随着时间的增长逐渐向右移动,说

明其植被覆盖处于较快的发展趋势。第二,从分布形态视角来看,波峰高度逐渐提升,波峰宽度无较大变化,表明中部地区植被覆盖呈现逐渐集中趋势。第三,从分布延展性视角看,Kernel 密度函数存在断崖式现象,表明西部地区内 10 个省份之间植被覆盖不尽相同。第四,中部地区植被覆盖的核密度曲线呈双峰分布形式,始终存在一个主峰和一个侧峰,说明西部地区植被覆盖两极分化趋势越来越明显,存在区域差异且绝对差异并未有缩小的趋势。

图 4-12 2000—2019 年西部地区植被覆盖分布的动态演变

Fig.4-12 Dynamic evolution of vegetation cover distribution in
Western China from 2000 to 2019

4.6 本章小结

本章内容主要对中国植被覆盖的时空演变趋势、区域差异及时空动态演变予以系统考察。一是利用植被覆盖的时间和空间数据,考察了植被覆盖的时间和空间演变趋势并进行统计分析,包括植被覆盖的时间维度和空间维度变化情况,从而初步判断植被覆盖的变化趋势,结果表明:我国植被覆盖整体呈现波动上升的趋势,不同等级植被覆盖呈现由中等、中高植被覆盖向高植被覆盖逐渐演进的趋势。在空间上呈现出"东部高、西部低"的整体分布格局。二是利用 Dagum 基尼系数公式,对植被覆盖的区域差异进行描述性统计分析,结果表明:从整体差异来看,中国植被覆盖的总体地区差异呈现缩减趋势。从地区内差异来看,东部地区内部差异呈现增加趋势,中部、西部和东北地区内部差异呈现减小趋势。从地区间差异来看,除东—东北地区区域间差距在不断扩大,其他地区整体上差异基本保存不变或差距在逐渐缩小,区域间植被覆盖发展协调。从地区差异来源及贡献率来看,区域间差异是植被覆盖差异的主要来源,并在波动中逐渐下降。三是利用 Kernel 密度函数,对植被覆盖绝对差异和动态演变情况进行分析,结果表明:从全国植被覆盖的时空动态演变来看,全国植被覆盖在提高且表现出绝对差异减小的趋势。从区域的动态演进来看,除西部地区植被覆盖两极分化趋势越来越明显,存在区域差异且绝对差异并未有缩小的趋势,其他东部、中部和东北地区,植被覆盖整体在提高,且表现出绝对差异不断缩小的趋势。从本章研究可以看出我国植被覆盖仍然存在着地域性差异,但这一差距已经逐渐减小。

5 城市化进程对植被覆盖的影响效应分析

为验证城市化进程能否驱动植被覆盖,本章基于 2000—2019 年省级数据,基于城市化进程的两个不同侧面,即城市化速度和城市化质量来探讨城市化进程与植被覆盖的影响关系。首先,量化城市化速度指标;其次,利用熵权法从经济发展、基础设施、居民生活、社会发展和生态环境五个维度来构建城市化质量;再次,通过构建固定效应模型,评估城市化速度和城市化质量对植被覆盖的影响效应,并进一步通过替换变量、工具变量等方法进行内生性和稳健性分析以检验二者关系的稳健性和可靠性。最后,从东、中、西和东北四个地区分样本进行区域异质性分析,同时对城市化质量各维度对植被覆盖的影响效应进行异质性分析。

5.1 城市化进程的指标测算与趋势分析

基于前文对城市化内涵的回顾和本书的定义和已有文献对城市化的测度,本节通过量化城市化速度构建城市化质量指标,然后采用熵权法测度城市化质量,来刻画城市化进程的两个不同侧面,最后对 2000—2019 年城市化进程的描述性统计来观察中国城市化的演进趋势和现状。

5.1.1 城市化进程的指标测度

有效测度城市化进程是本书进行实证分析的基础。本节根据上文对城市化水平、城市化速度、城市化质量等相关概念的界定,可知现有文献关于城市化的衡量存在以下问题:首先,宏观层面的人口城市化、土地城市化等指标不仅难以全面反映出区域城市化的水平,而且难以基于城市化内涵视角进行更细致的度量研究;其次,城市化初期和后期,城市化速度发展缓慢甚至停滞不前,而城市化内涵建设的多维内容难以有效体现出来,不能在一定程度上刻画城市化发展的深度。因此,在此基础上本书将采用城市化速度和城市化质量两个侧面来衡量城市化进程的发展情况。

5.1.1.1　城市化速度的测度

正确的城市化速度测量是量化实证的基础,根据城市化速度的定义,本书采用常用的城市化水平的年变化进行测度城市化速度[123]。计算方法如下:

$$\text{urban1}_{it} = \frac{U_{i,t+n} - U_{it}}{n} \tag{5-1}$$

其中,urban1_{it}为第 i 个地区第 t 年的城市化速度;$U_{i,t+n}$为第 i 个地区第 $t+n$ 年的城市化水平;U_{it}为第 i 个地区第 t 年的城市化水平;n 为两个时间点间隔年数。式中城市化水平为常用的人口城市化率,即城镇人口占总人口的比重。

5.1.1.2　城市化质量的测度

(1)指标构建

可持续发展理念强调城市经济、社会与生态三个系统有质量地发展,可持续发展理念强调的质量是其中重要的价值。从内涵上看,城市化不仅表现为城市人口的增加,而且还强调经济、社会和环境的整合和有质量地发展,三者是相互影响、协调统一的整体,以牺牲这三者中任意一方为代价城市发展都缺乏可持续性。在国家高质量的发展背景下,城市化质量应该集中表达了城市化过程中的经济属性、社会属性、人文属性、环境属性。因此,为了全面系统化了解我国城市化质量情况,根据上文的概念分析和现有研究成果[124][125],本书认为城市化质量内涵包含了经济发展、基础设施、居民生活、社会发展和生态环境五个维度,本着普遍性、可行性、规范性原则,分别围绕以上五个维度建立城市化质量评价体系,选取了 19 个指标构建城市化质量评价指标体系(见表5-1)。具体内容为:

经济发展。城市经济发展的重要前提是保持一个合理的运行速度,经济发展质量的重要内容不仅要包含经济增长,而且还要考察城市经济的投入产出,同时还要促进产业结构升级和加快转变生产方式。城市经济发展特别是可持续发展的城市经济发展质量对于城市化质量的提升具有积极意义。因此,将经济发展分别用人均 GDP、第三产业增加值占 GDP 的比重、单位 GDP 耗电量、城市固定资产投资来表征。

表 5-1　城市化质量评价指标体系

Tab.5-1　Urbanization quality evaluation index system

评价目标	评价内容	评价指标	单位	方向	权重
城市化质量	经济发展	人均 GDP	元/人	正向	0.104
		第三产业增加值占 GDP 的比重	%	正向	0.044
		单位 GDP 耗电量	千瓦时/元	负向	0.008
		城市固定资产投资	万元	正向	0.140
	基础设施	城市人均道路面积	平方米	正向	0.047
		城市燃气普及率	%	正向	0.011
		城市用水普及率	%	正向	0.006
		每万人拥有公共厕所	座	正向	0.055
	居民生活	城市居民人均可支配收入	元	正向	0.099
		私人汽车拥有量	万辆	正向	0.200
		城市人口密度	人/平方公里	正向	0.059
		城镇登记失业人数	万人	负向	0.012
	社会发展	人均受教育年限	年	正向	0.019
		城乡居民人均可支配收入比	%	负向	0.016
		养老保险支出占 GDP 比重	%	正向	0.080
		城市生活垃圾无害化处理率	%	正向	0.024
	生态环境	城市污水处理厂集中处理率	%	正向	0.040
		建成区绿化覆盖率	%	正向	0.016
		废气中二氧化硫排放量	万吨	负向	0.020

基础设施。城市化过程导致人口向城市聚集,城市化需要提供保障居民生活的基础设施,使交通更便捷,公用设施更加完善,以增强城市生活的服务功能。因此,基础设施将分别用城市人均道路面积、城市燃气普及率、城市用

水普及率和每万人拥有公共厕所来表征。

居民生活。中国城市化高速发展,居民生活质量也备受关注,居民生活质量不仅包含人们财富和物质的拥有,还包含人民生活主观感受方面。因此,居民生活将分别采用城市居民人均可支配收入、私人汽车拥有量和城市人口密度来表征。

社会发展。城市化的核心是以人为中心,城市化质量提升要关注经济发展与社会发展的均衡,进而减少社会内部的不平等性,完善社会保障,促进社会公平,提升人民生活福祉是城市在社会发展方面建设的重要内容。因此,社会发展将分别采用城镇登记失业人数、人均受教育年限、城乡居民人均可支配收入比和养老保险支出占 GDP 比重来表征。

生态环境。生态环境是城市化质量的基础保障,是城市化质量建设的必然要求,生态环境的优劣程度直接影响到人的身心健康、生态平衡和城市的可持续发展,探索城市化的可持续发展方式,应该更加关注资源节约和环境友好,实现社会、经济与环境的协调发展。因此,将城市生活垃圾无害化处理率、城市污水处理厂集中处理率、建成区绿化覆盖率和废气中二氧化硫排放量来表征。

(2)权重确定及综合指数构建

在城市化质量综合指数构建过程中,各项指标的权重选取十分重要。因此,利用熵权法对上述指标进行赋权加总,来刻画城市化质量。熵权法是利用数据本身的离散程度来确定某一指标在综合评价中的权重,同一指标中的数值差别越大,其反映的信息越多,该指标在综合评价中所占的权重越高。熵权法的优点在于既能克服单一指标难以衡量城市化多维表现的弊端,又可以消除人为主观因素对确定权重的影响,与主成分分析法等客观赋权方法相比,也能有效避免关键信息的损失,从而综合判断出城市化质量。因此,本书将利用熵权法构建综合指数从而测度城市化质量。具体方法如下:

第一步,消除不同指标在量纲和数值上的差异,对指标进行标准化处理:

$$Y_{ij} = \frac{X_{ij} - \min(X_{ij})}{\max(X_{ij}) - \min(X_{ij})} \tag{5-2}$$

第二步,计算指标体系中各测度指标 Y_{ij} 的熵值:

$$E_j = \ln \frac{1}{n} \sum_{i=1}^{n} \left[\left(\frac{Y_{ij}}{\sum_{i=1}^{n} Y_{ij}} \right) \ln \left(\frac{Y_{ij}}{\sum_{i=1}^{n} Y_{ij}} \right) \right] \tag{5-3}$$

第三步,计算个测度指标 Y_{ij} 的权重 W_j:

$$W_j = \frac{(1-E_j)}{\sum_{j=1}^{m}(1-E_j)} \qquad (5\text{-}4)$$

第四步,计算城市化质量综合指数:

$$\text{urban2} = \sum_{j=1}^{n} W_j * \left(\frac{Y_{ij}}{\sum_{i=1}^{n} Y_{ij}} \right) \qquad (5\text{-}5)$$

5.1.2 城市化进程的趋势分析

5.1.2.1 城市化速度的演变趋势

利用城市化速度公式测度出 2000—2019 年我国各省份的城市化速度。图 5-1 描述了 2000—2019 年中国城市化速度的年均值。可以看出中国城市化速度大致分为三个阶段:第一阶段为 2000—2005 年,城市化速度从 2001 年的 0.930 增长到 2004 年的 1.718,城市速度呈现快速上升阶段,2005 年起各地区人口数据为常住人口口径,因此 2005 年出现异常值;第二阶段为 2006—2009 年,城市化速度呈现稳定阶段;第三阶段为 2010—2019 年,城市化速度呈现平稳下降趋势,到 2019 年,城市化速度达到 20 年内的最小值为 0.881 个百分点。城市化速度的变化趋势基本与中国城市化发展的进程一致,1992—2003 年是中国城市化加速发展阶段,2003 年至今是中国城乡统筹发展阶段,2010 年中央一号文件提出,深化户籍制度改革,加快落实放宽中小城市、小城镇特别是县城和中心镇落户条件的政策,促进符合条件的农业转移人口在城镇落户并享有与当地城镇居民同等的权益,多渠道多形式改善农民工居住条件,鼓励有条件的城市将有稳定职业并在城市居住一定年限的农民工逐步纳入城镇住房保障体系,采取有针对性的措施,着力解决新生代农民工问题。因此,图 5-1 显示 2010 年的城市化速度有一个峰值,此后 2011 年中国城市化率超过 50%,城市化发展进入新阶段,城市化速度逐渐趋于稳定。

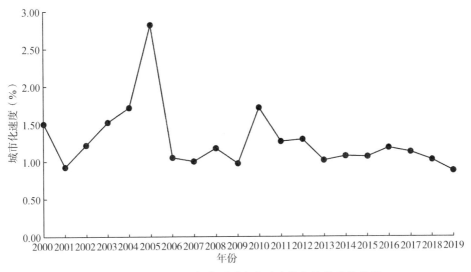

图 5-1 2000—2019 年中国城市化速度的年均值变化趋势

Fig.5-1 **Annual average change trend of urbanization rate in China from 2000 to 2019**

注:2005 年起各地区人口数据为常住人口口径。

5.1.2.2 城市化质量的演变趋势

利用熵权法从经济发展、基础设施、居民生活、社会发展和生态环境五个维度来构建城市化质量的综合指数。图 5-2 描述了 2000—2019 年中国城市化质量的年均值。可以看出中国城市化质量始终趋于稳步上升的趋势。在 2000—2005 年期间,城市化质量的年均值呈现上升速度较平稳的态势,城市化质量的年均值由 2000 年的 0.148 上升到 2005 年的 0.180,增长率为 21.62%。而在 2006—2010 年期间,城市化质量的年均值呈现快速上升的趋势,由 2006 年的 0.195 上升到 2010 年的 0.282,增长率为 44.62%。而在 2011—2015 年期间,城市化质量的年均值由 2011 年的 0.302 上升到 2015 年的 0.377,增长率为 24.83%。在 2016—2019 年期间,城市化质量的年均值由 2016 年的 0.405 上升到 2019 年的 0.843,增长率为 19.26%,到 2019 年达到 20 年来的最大值。城市化质量年均值的上升趋势说明了我国城市化进程结构的变化,从城市化速度快速发展阶段转变成城市化质量发展阶段,城市化进程表现为以城市化质量为核心的发展阶段。

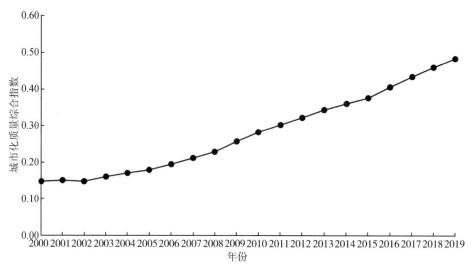

图 5-2 2000—2019 年中国城市化质量的年均值变化趋势

Fig.5-2 Annual average change trend of urbanization quality in China from 2000 to 2019

5.2 模型构建与变量描述

上节通过量化城市化速度和利用五个维度构建了城市化质量综合指数来刻画城市化进程的两个侧面。本节进一步构建计量模型,从省级层面评估城市化进程对植被覆盖的影响。

5.2.1 模型构建与变量选取

5.2.1.1 固定效应模型

为考察中国城市化进程对植被覆盖的决定因素,在模型设定方面,由于各省市的自然条件和资源禀赋的差异较为突出。因此,在模型设定中主要采用面板数据的固定效应模型为主要实证策略,实证模型设定如下:

$$y_{it} = \beta_0 + \beta_1 \mathrm{urban}_{it} + X'_{it}\beta_2 + \mu_i + \varepsilon_{it} \tag{5-6}$$

其中,y_{it} 表示植被覆盖,i 表示地区(省、自治区、直辖市),t 表示年份;urban_{it} 表示城市化进程,包含城市化速度(urban1)和城市化质量(urban2);X'_{it} 表示一系列与植被覆盖相关的控制变量,主要包括各地区的经济增长、放牧强度、营林投资、降水量、气温;u_i 为地区固定效应,以控制地区层面不可观测因素对植被覆盖的影响;β 和 ε 分别为待估系数和随机扰动项。

具体地,上述计量模型中的变量测度方法如下:

①被解释变量:植被覆盖水平(归一化植被指数,NDVI)。如上文所述,数据来源于中国科学院资源环境科学与数据中心提供了连续时间序列的SPOT/VEGETATION NDVI 卫星遥数据集,采用最大值合成法生成了2000 年以来的月度植被指数数据集,并利用 ArcGIS 软件进行剪裁、提取数据,最终获取数据为 2000—2019 年的 7、8、9 月的月均值植被 NDVI 来表征年度植被覆盖的情况,空间分辨率为 1 公里。同时,本书进一步将 7、8、9 月份的 NDVI 最大值衡量植被覆盖的方法用于稳健性检验。

②核心解释变量:城市化进程。如上文所示,利用城市化速度和城市化质量来刻画城市化进程。本书采用熵权法从经济发展、基础设施、居民生活、社会发展、生态环境五个维度构建城市化质量。为保证结果的稳健性,本书进一步采用人口城市化来度量城市化发展用于稳健性检验。

③控制变量。为更加精准地识别城市化对植被覆盖的因果影响,对影响植被覆盖的主要因素进行控制,以防止可能的遗漏变量对模型估计的影响。本书考察相关研究文献,从社会经济和自然因素选取了控制变量。

第一,社会经济层面的控制变量。经济增长。现有研究证实,在城市中心植被覆盖与 GDP 呈现负相关,而在偏远的山区,植被覆盖与 GDP 呈现正相关[126]。所以,经济增长与植被覆盖之间的作用方向并不确定。本书用地区 GDP 的增长率来衡量地区经济增长。

放牧强度。大牲畜在饲养过程中以草为基本保证,在很多地区以放牧为主,进行饲养牲畜,引起了当地的植被退化现象,同时适度的放牧,也可能有利于草地的增长。本书使用牲畜数量为衡量放牧强度,牲畜数量以羊为单位进行折算,大牲畜主要包括马、牛、驴等(按一头大牲畜等于五只羊单位进行换算)[127]。

营林投资。20 世纪 90 年代以来,中国政府在全国范围内实施了一系列国土绿化工程建设,包括天然林保护、退耕还林(草)和人工造林等多个重大生态工程,研究表明生态建设工程的实施可以有效缓解植被退化现象[128]。在过去的 30 年中,中国营林政策与投资对森林资源的增加起到了重要作用。本书采用营林固定资产投资占 GDP 比重来衡量各地区的生态环境保护的保护政策情况。

第二,自然因素层面的控制变量。影响植被变化最为关键的气候因素就是热量和水分,二者与植被生长的相关性较高。本书采用7、8、9月份的平均气温和7、8、9月份的逐月累计降水量来衡量气温和降水。

5.2.1.2 动态面板模型

由于地区原有的自然资源禀赋情况会对本期的植被覆盖产生影响,因此为增加模型的稳健性,本节在基准模型的基础上加上了植被覆盖变量的一期滞后项,以表征植被覆盖的资源禀赋对本期的影响。同时,由于模型中可能存在其他内生性问题,为处理这些问题,使用目前主流的差分 GMM 估计[129],该方法消除了不随时间变化的特定地区效应,其估计方程如下:

$$y_{it} - y_{i,t-1} = \beta_1(y_{i,t-1} - y) + \beta_2(\mathrm{urban}_{it} - \mathrm{urban}_{i,t-1}) \\ + (X'_{it} - X'_{i,t-1})\beta_2 + \varepsilon_{it} - \varepsilon_{i,(t-1)} \tag{5-7}$$

其中,i 表示地区(省、自治区、直辖市),t 表示年份;y_{it} 表示当期植被覆盖,$y_{i,t-1}$ 表示前一期植被覆盖;urban_{it} 表示当期城市化进程,$\mathrm{urban}_{i,t-1}$ 表示前一期的城市化进程。X'_{it} 表示当期一组控制变量,$X'_{i,t-1}$ 表示前一期的一组控制变量,主要包括各地区的经济增长、放牧强度、营林投资、降水量、气温;β 和 ε 分别为待估系数和随机扰动项。本书选取被解释变量的滞后二阶和滞后三阶作为工具变量进行估计,并将估计结果与固定效应基准模型进行对比分析。

5.2.2 数据米源与统计描述

本书的数据由 2000—2019 年中国 30 个省(区、市)(不含西藏、香港、澳门和台湾地区)作为考察样本。其中,归一化植被指数来源于中国科学院资源环境科学与数据中心;年平均气温和年降水量数据来源于中国科学院资源环境科学与数据中心,该数据集基于中国 2400 多个气象站点日观测数据,通过整理、计算和空间插值处理生成,利用 ArcGIS 对我国范围内 2000—2019 年逐月的气温和降水数据进行分区统计制表,得出我国各省份 7、8、9 月份的月均值气温和月累计降水量;其余变量来源于《中国统计年鉴》《中国林业和草原统计年鉴》《中国能源统计年鉴》《中国人口统计年鉴》以及各省份统计年鉴。为精准评估城市化进程对植被覆盖的影响,本书对样本进行如下处理:①删除地区为西藏自治区、香港、澳门和台湾地区;②对所有变量进行了取对数,以缓解异常值对估计结果的影响;③数据进行了缩尾处理。

由表 5-2 主要变量的描述性统计可知,植被 NDVI 的均值为 0.676,最大值为 0.870,而最小值仅为 0.160,说明有些省份的植被覆盖存在较大差异。城市化速度的均值在 0.279,最大值 27.52,最小值为 −24.14,标准差为2.302,说明各省份城市化速度存在较大差异。城市化质量均值为 0.281,75% 的分位数为 0.360,而最大值为 0.710,这说明有些省份城市化质量较低,部分地区达到较高城市化质量。经济增长的均值为 12.960,标准差为5.740,离散程度较小。放牧强度的均值和中位数分别为 2 976.974 和 2 489.295,最大值为 11 532,最小值仅为 38.88,说明各省份的放牧强度存在较大差异。营林固定资产投资占 GDP 比重的均值为 0.594,标准差为 0.826,离散程度较大。平均气温的均值 23.558,标准差为 3.038,最大值为28.456,说明离散程度较小,分布较均匀。降水量的均值 3 937.285,标准差为 1 477.267,说明离散程度较小。

5.2.3　相关性分析

为初步判断城市化进程与植被覆盖的关系,本书进一步对城市化与植被覆盖进行基本的相关性分析。本书采用变量的 Pearson 相关系数,从省级层面来考察变量之间的相关性(表 5-3)。核心解释变量城市化质量与植被覆盖的相关系数为 0.154,且在 1% 的水平上显著,说明城市化质量与植被覆盖显著正相关。城市化速度与植被覆盖的相关系数为 0.0005,在 1% 水平上不显著,说明城市化速度可能对植被覆盖并无影响。控制变量中,经济增长与植被覆盖为负,但并不显著,可能对植被覆盖并无影响。营林投资、平均气温和降水量与植被覆盖的相关系数在 1% 水平上显著为正,说明营林固定资产投资占比越大、气温越高和降水量越大,越有利于植被覆盖的提升。放牧强度在 1% 水平上与植被覆盖的相关系数显著为负,说明放牧强度越大,则越不利于植被的生长。

表5-2 主要变量描述性统计
Fig. 5-2 Descriptive statistics of main variables

变量名	符号	观测值	平均值	标准差	最小值	P25	P50	P75	最大值
NDVI	ndvi	600	0.676	0.165	0.160	0.660	0.740	0.780	0.870
城市化质量	urban1	600	0.281	0.125	0.080	0.180	0.260	0.360	0.710
城市化速度（%）	urban2	600	0.279	2.302	-24.14	0.680	1.150	1.565	27.52
经济增长（%）	gdp	600	12.960	5.740	-3.95	8.994	11.890	17.191	29.809
放牧强度（万头）	sheep	600	2 976.974	2 540.432	38.88	889.215	2 489.295	4 189.06	11532
营林固定资产投资占GDP比重（%）	eco	600	0.594	0.826	0.010	0.160	0.430	0.755	7.990
平均气温（℃）	tem	600	23.558	3.038	14.787	21.319	23.871	26.310	28.456
降水量（mm）	rain	600	3 937.285	1 477.267	687.838	2 845.476	3 824.178	4 862.929	9 482.249

表 5-3 主要变量相关性分析

Fig.5-3 Correlation analysis of main variables

变量	ndvi	城市化质量	城市化速度	经济增长	放牧强度	营林投资	平均气温	降水量
ndvi	1.000							
城市化质量	0.154***	1.000						
城市化速度	0.001	−0.103***	1.000					
经济增长	−0.027	−0.3571***	0.0170***	1.000				
放牧强度	−0.134***	−0.3293***	0.160***	−0.013	1.000			
营林投资	0.154***	0.550***	0.007	−0.256***	0.220***	1.000		
平均气温	0.548***	0.220***	0.112***	0.083**	−0.480***	−0.077	1.000	
降水量	0.501***	0.158***	0.071***	0.058	−0.272***	0.041	0.561***	1.000

5.3 实证分析

本书的实证策略为:首先,使用 stata 软件基于上述计量模型估计城市化进程对植被覆盖的影响。为确保估计结果的严谨性,本书采用固定效应和随机效应模型进行回归分析。其次,进一步通过替换变量、小样本和工具变量等方法进行稳健性和内生性检验评估基准回归结果的可靠性。最后,从东、中、西和东北四个地区分样本进行异质性分析,同时对城市化质量各维度对植被覆盖的影响效应进行异质性分析。

5.3.1 基准回归分析

5.3.1.1 城市化速度的基准回归结果

表 5-4 报告了 2000—2019 年中国城市化速度对植被覆盖的估计结果。其中,列(1)为未加入任何控制变量的固定效应模型估计结果,列(2)~(6)为依次加入经济增长、放牧强度、营林投资、气温和降水量作为控制变量的固定

效应估计结果,列(7)为随机效应估计结果。结果显示,无论是哪种模型城市化速度前系数在1%水平上均不显著,这说明在研究期内城市化速度未对植被覆盖造成影响。究其原因可能是在此研究期内,我国城市化速度开始变缓,其土地扩张和资源消耗速度开始减慢,城市化开始关注内涵发展和可持续发展。因此,此研究期内城市化速度对植被覆盖未造成显著影响。

表 5-4　城市化速度对植被覆盖影响的估计结果

Fig.5-4　Estimation results of the impact of urbanization speed on vegetation cover

	(1)	(2)	(3)	(4)	(5)	(6)	(7)
	FE	FE	FE	FE	FE	FE	RE
lnurban1	−0.011	−0.006	0.021	0.020	0.017	0.011	0.009
	(0.022)	(0.022)	(0.022)	(0.021)	(0.020)	(0.021)	(0.021)
lngdp		−0.005*	−0.004	−0.002	−0.001	−0.001	−0.001
		(0.003)	(0.003)	(0.003)	(0.003)	(0.003)	(0.003)
lnsheep			−0.022***	−0.017***	−0.014**	−0.011*	−0.009
			(0.006)	(0.006)	(0.006)	(0.006)	(0.006)
lneco				0.024***	0.024***	0.022***	0.022***
				(0.006)	(0.006)	(0.006)	(0.006)
lntem					0.123***	0.172***	0.200***
					(0.038)	(0.044)	(0.046)
lnrain						0.024***	0.027***
						(0.006)	(0.006)
_cons	0.549***	0.547***	0.611***	0.559***	0.160	−0.193	−0.307
	(0.076)	(0.078)	(0.076)	(0.071)	(0.148)	(0.179)	(0.194)
N	600	600	600	600	600	600	600
R^2	0.001	0.012	0.100	0.161	0.180	0.238	0.237

注:1.括号内为聚类稳健标准误。

　　2.* $p < 0.1$,** $p < 0.05$,*** $p < 0.01$。

5.3.1.2　城市化质量的基准回归结果

表 5-5 报告了中国城市化质量对植被覆盖的估计结果。其中,列(1)为未加入任何控制变量的最小二乘法(OLS)估计结果,列(2)~(7)为依次加入控制变量的固定效应估计结果,列(8)为随机效应估计结果。

表 5-5　城市化质量对植被覆盖影响的估计结果

Fig.5-5　Estimation results of the impact of urbanization quality on vegetation cover

	(1)	(2)	(3)	(4)	(5)	(6)	(7)	(8)
	OLS	FE	FE	FE	FE	FE	FE	RE
lnurban2	0.176***	0.125***	0.140***	0.163***	0.157***	0.155***	0.146***	0.139***
	(0.038)	(0.020)	(0.018)	(0.021)	(0.023)	(0.023)	(0.022)	(0.022)
lngdp		0.009***	0.010***	0.010***	0.010***	0.009***	0.009***	
		(0.002)	(0.003)	(0.002)	(0.002)	(0.003)	(0.003)	
lnsheep			0.012*	0.012*	0.012*	0.012*	0.011*	
			(0.006)	(0.006)	(0.006)	(0.006)	(0.006)	(0.006)
lneco				0.007*	0.007*	0.007*	0.007*	
				(0.004)	(0.004)	(0.004)	(0.004)	(0.004)
lntem					0.016	0.047	0.088**	
					(0.031)	(0.033)	(0.036)	
lnrain						0.012**	0.015***	
						(0.004)	(0.005)	
_cons	0.468***	0.480***	0.452***	0.354***	0.351***	0.299**	0.115	−0.030
	(0.0112)	(0.00475)	(0.00620)	(0.053)	(0.053)	(0.116)	(0.134)	(0.156)
N	600	600	600	600	600	600	600	600
R^2	0.024	0.378	0.403	0.420	0.425	0.425	0.438	0.435

注:1.括号内为聚类稳健标准误。

2.* $p<0.1$, ** $p<0.05$, *** $p<0.01$。

结果显示,在表第(1)列仅考虑了核心解释变量城市化质量对植被覆盖的影响的 OLS 模型时,城市化质量的系数都在 1% 的水平上显著,初步验证了中国城市化质量对植被覆盖产生了正向促进作用。在控制了地区固定效应后,城市化对植被覆盖的系数在 1% 的水平上依然显著为正,进一步验证了城市化对植被覆盖的促进作用,且在控制了固定效应之后,城市化对植被覆盖的影响系数小于列(1)的结果,且拟合优度上升,这说明难以观测的地区因素确实对植被覆盖存在影响,采用固定效应模型适宜本书的研究。然而,引起植被覆盖变化的因素有很多,鉴于此,采用固定效应模型,在第(3)~(5)列分别加入了对经济增长、放牧强度、营林投资的三个影响植被覆盖的社会经济因素作为控制变量,同时,在表第(6)和(7)列又分别加入了气温和降水量的自然因素作为控制变量。回归结果显示,城市化对植被覆盖的影响相对于先前的结果略有下降,但城市化质量变量前的系数依然显著为正。同时,列(8)采用了随机效应模型对城市化质量与植被覆盖进行了估计,Hausman检验结果 p 值为 0.0000,应选择固定效应模型。所以后文的模型估计都是基于固定效应模型。不同模型的回归结果表明,中国城市化质量确实有利于提升植被覆盖水平。因此,由列(7)回归结果可知,城市化质量每提升 1%,植被覆盖水平将提高 0.146%,城市化质量对植被覆盖有显著的促进作用。

通过以上分析可知,城市化进程中的城市化速度和城市化质量两个侧面对植被覆盖产生不同的影响。城市化速度对植被覆盖没有显著影响,而城市化质量对植被覆盖产生了显著正向影响。根据城市化 Logistic 曲线可知,城市化过程可用 S 曲线进行描述,而且从世界各国城市化水平与城市化速度来看,城市化率 50% 左右是城市化速度高峰时期,之后城市化速度将明显放缓,城市化水平和城市化速度呈倒 U 形关系。自 20 世纪 90 年代中期中国城市化率超过 30% 后,城市化水平一直处于快速提高的过程。在"十二五"期间,全国城市化水平超过 50%,城市化速度明显放缓,城市布局更加合理化,这也正是本书样本研究期内,我国城市化速度步入增速放缓阶段,城市发展转向内涵质量发展。因此,城市化速度未对植被覆盖造成影响。

由于城市化速度与植被覆盖没有显著的关系,而本研究主要关注的是城市化多维层面对植被覆盖的影响,因此后续实证研究用城市化质量来考察城市化进程与植被覆盖的影响关系。这是由于过去几十年的城市化快速发展,我国对生态环境和资源承载力有了高度重视,国家新时期提出了"可持续发展""生态文明建设"的要求,在全国层面和省市域层面,都将生态基底分布、环境资源承载力分析作为城市化战略制定与空间分布的基本前提。此时,城市发展更加注重质量,凸显生态理念。因此,这也与本研究契合,城市化质量促进了植被覆盖水平的提升。

5.3.2　稳健性检验

考虑到上述估计模型中可能存在稳健性问题。本节的实证模型策略如下:第一,通过剔除异质性样本直辖市和自治区来进行稳健性检验;第二,通过替换被解释变量和核心解释变量进行稳健性检验;第三,使用解释变量滞后项的方法来进行稳健性检验。

5.3.2.1　剔除异质性样本

一是剔除直辖市的样本。在我国的区域行政序列中,北京、上海、天津和重庆四个城市为直辖市,行政级别和权限高于一般地区,其城市化水平、经济发展水平、人口聚集程度与其他城市相比存在较大差异,可能会导致样本因异质性过大而对回归结果产生偏误。因此,本书剔除了四个直辖市,以增强样本的同质性。表 5-6 中列(1)和(2)为剔除直辖市的回归结果,列(1)仅控制了社会经济因素,列(2)同时控制了社会经济因素和自然因素,与表 5-5 相比其结果显示未发生实质性变化。二是剔除直辖市和自治区的样本。在我国行政序列中,内蒙古自治区、广西壮族自治区、宁夏回族自治区、新疆维吾尔自治区和西藏自治区共五个自治区,其地理环境和治理方式具有其特殊性,城市化进程与全国差异较大。因此,本书同时剔除了直辖市和自治区的样本进行考察,列(3)和(4)估计结果与基准模型表 5-5 相比并未发生实质性变化。通过以上分析发现,改变样本容量选择后的回归结果与基准模型估计结果进行比较,可以看出,核心解释变量城市化系数的符号和显著性都没有改变,说明异质性样本问题并未对基准模型估计结果的稳健性造成影响。

表 5-6 城市化进程对植被覆盖影响的估计结果:剔除异质性样本

Fig.5-6 Estimation results of the impact of urbanization on vegetation cover:
Eliminate heterogeneous samples

变量	剔除直辖市		剔除直辖市和自治区	
	(1)	(2)	(3)	(4)
	FE	FE	FE	FE
lnurban2	0.163***	0.147***	0.147***	0.131***
	(0.026)	(0.025)	(0.023)	(0.024)
lngdp	0.010***	0.008***	0.009***	0.007**
	(0.003)	(0.003)		(0.003)
lnsheep	0.011	0.011	0.007	0.007
	(0.008)	(0.007)	(0.006)	(0.006)
lneco	0.006	0.006	0.008	0.009
	(0.003)	(0.004)	(0.008)	(0.009)
lntem	0.063*		0.083**	
	(0.036)		(0.038)	
lnrain		0.016***		0.014***
		(0.004)		(0.004)
_cons	0.355***	0.042	0.419***	0.051
	(0.065)	(0.139)	(0.054)	(0.133)
N	520	520	440	440
R^2	0.454	0.475	0.477	0.501

注:1.括号内为聚类稳健标准误。

2. * $p<0.1$, ** $p<0.05$, *** $p<0.01$。

5.3.2.2 替换变量

一是替换被解释变量。归一化植被指数大小能够度量植被覆盖水平,其最大值也是衡量植被覆盖高低的重要标准,本书采用植被 NDVI 最大值来替代植被 NDVI 均值作为被解释变量。表 5-7 列(1)和(2)结果表明,城市化进程对植被覆盖的影响系数均在 1% 水平上显著为正,说明城市化进程能够驱动植被覆盖的增加,与城市化对植被 NDVI 均值的影响方向一致。二是替换核心解释变量。根据城市化的定义为农村人口向城市迁移的过程,最常用的衡量城市化水平的定义为人口城市化,因此本书采用城市人口占总人口的比重来衡量城市化水平(符号 urban0)[130],以考察基准模型的稳健性。列(3)和(4)的估计结果表明,在更换核心解释变量后,城市化进程对植被覆盖的影响效应依然显著为正。因此,前文的基准分析具有较强的稳健性。

表 5-7　城市化进程对植被覆盖影响的估计结果:替换变量

Fig.5-7　Estimation results of the impact of urbanization on vegetation cover:Replace variable

	被解释变量:NDVI 最大值		核心解释变量:人口城市化	
	(1)	(2)	(3)	(4)
	FE	FE	FE	FE
lnurban2	0.043***	0.040***		
	(0.010)	(0.009)		
lnurban0			0.058***	0.053***
			(0.012)	(0.012)
lngdp	0.006***	0.005***	0.004	0.003
	(0.001)	(0.001)	(0.002)	(0.002)
lnsheep	−0.001	−0.001	0.003	0.005
	(0.003)	(0.003)	(0.007)	(0.007)
lneco	0.002	0.002	0.016***	0.016***
	(0.004)	(0.004)	(0.004)	(0.004)
lntem	0.085**	0.018		
		(0.021)		(0.035)
lnrain	0.013***	0.004		
		(0.003)		(0.004)
_cons	0.628***	0.543***	0.250***	−0.137
	(0.024)	(0.081)	(0.090)	(0.126)
N	600	600	600	600
R^2	0.210	0.216	0.427	0.453

注:1.括号内为聚类稳健标准误。

　2.* $p<0.1$,** $p<0.05$,*** $p<0.01$。

5.3.2.3 动态面板模型

使用差分 GMM 模型对城市化进程与植被覆盖进行估计。由于地区原有的自然资源禀赋情况,会对本期的植被覆盖产生影响,同时也可能由于遗漏变量等产生的内生性问题。因此,采用差分 GMM 进行估计,本书选取被解释变量的滞后二阶和三阶值作为工具变量进行估计。从表 5-8 可以看出,城市化前系数仍在 1% 水平上显著为正,这说明城市化进程可以显著提高地区的植被覆盖。列(2)结果表明,城市化质量每上升 1%,当地的植被覆盖会有显著 0.049% 的改善。从列(4)结果表明,城市化质量每上升 1%,当地的植被覆盖会显著 0.044% 的改善,两种模型结果无明显差异。与基准模型相比,城市化前的系数略有下降,同时滞后一期的植被覆盖显著为正,这也说明原有地区资源禀赋确实对当期的植被覆盖产生了正向的影响。通过使用动态面板模型的分析结果发现,城市化进程可以显著改善地区的植被覆盖,与基准模型估计结果一致。

表 5-8　城市化进程对植被覆盖影响的估计结果:差分 GMM

Fig.5-8　Estimation results of the impact of urbanization on vegetation cover:Differential GMM

	工具变量:滞后 2 阶		工具变量:滞后 3 阶	
	(1)	(2)	(3)	(4)
	GMM	GMM	GMM	GMM
L.lnndvi	0.376***	0.436***	0.433***	0.478***
	(0.083)	(0.076)	(0.061)	(0.053)
lnurban2	0.081***	0.049***	0.074***	0.044***
	(0.015)	(0.017)	(0.012)	(0.013)
lngdp	0.006***	0.004**	0.006***	0.004***
	(0.002)	(0.002)	(0.001)	(0.001)
lnsheep	−0.0001	0.00004	0.001	0.001
	(0.003)	(0.003)	(0.003)	(0.003)
lneco	0.004	0.007	0.004	0.007
	(0.004)	(0.005)	(0.005)	(0.005)

	工具变量:滞后 2 阶		工具变量:滞后 3 阶	
	(1)	(2)	(3)	(4)
	GMM	GMM	GMM	GMM
lntem		0.118***		0.115***
		(0.026)		(0.025)
lnrain		0.011***		0.012***
		(0.003)		(0.003)
_cons	0.282***	−0.200**	0.249***	−0.222***
	(0.041)	(0.101)	(0.032)	(0.082)
N	540	540	540	540

注:1.括号内为聚类稳健标准误。

2.* $p<0.1$,** $p<0.05$,*** $p<0.01$。

5.3.3 内生性分析

尽管上文给出了改变样本容量、替换被解释变量和解释变量、更换模型的方法,得到了城市化进程对植被覆盖影响的估计结果依然稳健,但内生性问题是经济问题研究中难以避免的问题。首先,测量误差可能会造成内生性问题,本书采用两种方法从不同维度对核心解释变量进行测量,同时也采用两种方法对被解释变量进行度量,力图缓解可能存在的测量误差问题;其次,遗漏重要变量也是产生内生性问题的重要因素。为此,本书控制了社会经济因素、自然因素和控制了地区固定效应,尽可能减轻遗漏变量的问题。为尽可能减少内生性问题对模型估计结果的影响,本书进一步采用滞后解释变量和工具变量的分析方法来控制内生性问题,以检验固定效应模型可能存在的内生性问题。

5.3.3.1 引入滞后项

引入滞后解释变量的方法来缓解内生性问题。本书借鉴孙传旺等(2019)的做法[131],将核心解释变量城市化的滞后一期引入基准回归方程,同时考虑其他控制变量也可能存在潜在的内生性问题,也将其他控制变量的滞后一期引入回归模型,进一步缓解模型的内生性问题。估计结果如表 5-9 所示,结果表明城市化进程对植被覆盖的影响依然在 1% 的水平上显著为正,说明了基准模型结果的稳健性。

表 5-9 城市化进程对植被覆盖影响的估计结果:滞后解释变量

Fig.5-9 Estimation results of the impact of urbanization on vegetation cover:

Lag explanatory variable

变量	(1) FE	(2) FE	(3) FE	(4) FE	(5) FE	(6) FE
lnurban2	0.121***	0.128***	0.152***	0.143***	0.145***	0.139***
	(0.020)	(0.019)	(0.021)	(0.023)	(0.022)	(0.021)
lngdp		0.005**	0.006**	0.007***	0.007***	0.006**
		(0.002)	(0.002)	(0.002)	(0.002)	(0.002)
lnsheep			0.012**	0.012**	0.012**	0.012**
			(0.006)	(0.006)	(0.006)	(0.006)
lneco				0.009**	0.008**	0.009**
				(0.004)	(0.004)	(0.004)
lntem					−0.027	−0.010
					(0.027)	(0.031)
lnrain						0.007**
						(0.003)
_cons	0.484***	0.468***	0.368***	0.366***	0.452***	0.347**
	(0.005)	(0.007)	(0.050)	(0.050)	(0.118)	(0.144)
N	570	570	570	570	570	570
R^2	0.353	0.362	0.381	0.390	0.391	0.395

注:1.括号内为聚类稳健标准误。

2. * $p < 0.1$, ** $p < 0.05$, *** $p < 0.01$。

5.3.3.2 工具变量

解决内生性度量偏差的一个有效的办法是采用工具变量法。工具变量的选择需要满足两个条件,一是工具变量与城市化密切相关,二是工具变量对植被覆盖不产生影响关系。在本书中,主要内生变量是城市化,本书参考邵帅等(2019)的研究,选取人口出生率(符号 birth)作为城市化进程的工具变量[48]。研究认为人口出生率取决于计划生育政策,该政策在城市地区是被严格执行的,而农村地区存在较多的超生现象,政策的执行效果相对较弱,故人口出生率作为衡量计划生育政策实施效果的指标,与城市化具有密切的关系,因此满足工具变量与内生变量的相关性条件。而人口出生率与本地区的植被覆盖无关,因此该工具变量满足外生性条件。

表 5-10 给出了工具变量结果,第(1)列为未加入任何控制变量的第一阶段估计结果,回归结果表明人口出生率与城市化的估计系数为 -0.064,并且在 1% 水平上显著负相关。第(3)列为加入控制变量和地区固定效应的第一阶段估计结果,回归结果表明人口出生率与城市化的估计系数为 -0.068,并且在 1% 水平上显著负相关。以上结果说明,满足工具变量相关性要求。同时,F 统计量大于 10,工具变量通过弱工具变量检验。说明选取的工具变量是有效的。第(2)和(4)列展示了第二阶段的回归结果,结果发现城市化进程与植被覆盖呈现显著的正相关关系,与基准模型结果相比,使用工具变量后城市化前的系数估计结果偏大,说明原有估计结果受到内生性估计偏差的影响,存在低估现象。这一结果也说明,在考虑内生性问题的基础上,其估计结果依然稳健。

表 5-10 城市化进程对植被覆盖影响的估计结果:工具变量

Fig.5-10 Estimation results of the impact of urbanization on vegetation cover: instrument variables estimation

变量	(1) 第一阶段	(2) 第二阶段	(3) 第一阶段	(4) 第二阶段
lnurban2		1.671*** (0.404)		0.863*** (0.279)
lnbirth	-0.064 (0.000)		-0.068*** (0.000)	

续表

变量	（1）第一阶段	（2）第二阶段	（3）第一阶段	（4）第二阶段
lngdp			−0.093***	0.0820***
			(0.000)	(0.0273)
lnsheep			−0.015***	0.0274***
			(0.000)	(0.00676)
lneco	(0.0186)		0.060***	−0.0466**
				(0.000)
lntem			0.093***	0.259***
			(0.008)	(0.0500)
lnrain			0.010	0.137***
			(0.317)	(0.0146)
地区固定效应	否	否	是	是
_cons		0.105		−2.044***
		(0.099)		(0.144)
N	600	600	600	600
R^2	0.033	0.035	0.301	0.377

注:1.括号内为聚类稳健标准误。

2.* $p < 0.1$,** $p < 0.05$,*** $p < 0.01$。

5.4 异质性分析

5.4.1 城市化进程对植被覆盖的区域影响差异

我国幅员辽阔,但由于不同地区城市化水平和发展模式差异较大,整体样本的回归难以有效估计出地区差异给植被覆盖造成的影响。因此,除了从全国层面检验城市化进程对植被覆盖的影响外,本书将省级数据样本分为东、中、西和东北地区四个大区,分别分析每个区域中城市化进程对植被覆盖的影响。同时,本书进一步通过异质性分析,精细评估城市化进程对植被覆盖的影响效应。因为本书的城市化质量由五个维度构成,进一步运用熵值法分别构造了经济发展、基础设施、居民生活、社会发展和生态环境五个维度的综合指数,分别从不同维度层面来考察对植被覆盖影响的整体和区域差异。

中国的城市化进程表现出显著的区域差异,东部地区的城市化水平明显高于中部、西部和东北地区。那么中国城市化进程对植被覆盖的影响是否存在区域差异? 为确保估计的有效性,本节选用与全国层面的实证分析相同的模型,使用固定效应模型进行分析,在分地区的城市化质量影响植被覆盖的计量模型中选取相同的控制变量,进行实证分析。表 5-11 报告了东、中、西部和东北地区城市化进程对植被覆盖的影响固定效应估计结果。由于表5-11第(2)、(4)、(6)和(8)列是控制了社会经济因素和自然因素的估计结果,所以下文分析将基于此列内容。

表 5-11 城市化进程对植被覆盖影响的区域差异结果

Fig.5-11 Impact of vegetation cover on the process of Urbanization

变量	(1) 东部_FE	(2) 东部_FE	(3) 西部_FE	(4) 西部_FE	(5) 东北_FE	(6) 东北_FE	(7) 中部_FE	(8) 中部_FE
lnurban2	0.045	0.044	0.233***	0.215***	0.236***	0.240***	0.103***	0.090***
	(0.026)	(0.029)	(0.040)	(0.041)	(0.016)	(0.007)	(0.023)	(0.021)
lngdp	0.014***	0.014***	0.006*	0.004	0.011**	0.012***	0.007	0.004
	(0.003)	(0.003)	(0.003)	(0.003)	(0.002)	(0.001)	(0.006)	(0.006)
lnsheep	−0.009	−0.009	0.025	0.021	0.035	0.023	−0.003	−0.003
	(0.006)	(0.006)	(0.023)	(0.022)	(0.018)	(0.019)	(0.009)	(0.008)
lneco	0.013***	0.013***	0.005	0.005	−0.013*	−0.018***	0.036**	0.033**
	(0.003)	(0.004)	(0.008)	(0.008)	(0.004)	(0.001)	(0.014)	(0.013)
lntem		−0.003		0.046		−0.179		0.078
		(0.057)		(0.052)		(0.092)		(0.065)
lnrain		0.002		0.020***		0.003		0.022**
		(0.007)		(0.005)		(0.009)		(0.007)
_cons	0.540***	0.532**	0.164	−0.097	0.237	0.848	0.500***	0.085
	(0.045)	(0.218)	(0.191)	(0.208)	(0.140)	(0.343)	(0.085)	(0.200)
N	220	220	180	180	60	60	140	140
R^2	0.362	0.362	0.597	0.612	0.725	0.764	0.499	0.544

注:1.括号内为聚类稳健标准误。

2.* $p<0.1$,** $p<0.05$,*** $p<0.01$。

由表 5-11 可知,对于西部、中部和东北地区而言,城市化进程前的系数在 1% 水平上显著为正,这表明西部、中部和东北地区城市化与植被覆盖呈现协调发展的效应。而且,从城市化进程前的系数来看,东北地区的系数为0.240,其值最大,说明东北地区城市化进程对植被覆盖的影响效应更强。西部、中部和东北地区城市化进程与植被覆盖呈现显著的正相关系,既有地理、气候和自然资源禀赋的自然环境因素,又有区域生态建设、环境规制以及产业结构升级等社会经济因素影响的结果。相对而言,东北地区省份的植被覆盖程度与其自然资源禀赋更加密切相关,东北林区是我国最大的天然林区,主要分布在大、小兴安岭和长白山一带。近年来,国有林场不断深化改革,深入实施以生态建设为主的林业发展战略,产业结构不断调整,林业发展模式由木材生产为主转变为生态修复和建设为主,由利用森林获取经济利益为主转变为保护森林提供生态服务为主。同时,由于林场职工和森林附近居民不断向城市聚集,从而减轻了森林的压力,使得东北地区城市化进程与植被覆盖呈现协调发展的关系。

　　不同于全国整体的分析结果,东部地区的城市化进程与植被覆盖之间不存在显著的关系,这说明城市化进程对植被覆盖没有得到明显改善。造成东部地区和中部、西部、东北地区城市化进程对植被覆盖影响存在差异的主要原因可归纳为两个方面。一方面,东部地区城市发展起步早于其他地区,最初的城市化的进程中,以经济效益为主,盲目追求城市规模的扩张,大量的植被土地类型转变为城市用地,使得城市化进程伴随着工业化过程,引发了大量的自然资源的消耗和生态环境的破坏。而其他地区城市化起步较晚,此时生态环境破坏问题和公众对改善生态环境的诉求都开始显现,因而其他地区在推进城市化的过程中开始重视生态环境的建设。另一方面,东部地区城市化水平较高,是我国劳动密集型产业地理集聚的地区,从地理分布来看,从2003—2011 年 60% 以上的劳动密集型产业仍聚集在东部地区。所以,东部地区集聚了大量的制造业和外来人口,更多的土地被提供给道路交通、居住空间及制造业,使大量土地类型被改变,可供开发的土地资源更加稀缺,这也是减少植被覆盖的水平的重要原因,从而形成了东部地区城市化进程对植被覆盖的不显著影响的关系。值得注意的是东部地区城市化进程并未对植被覆盖产生破坏作用,也可能是由于近年来,东部地区产业结构升级和生态环境建设的作用的结果。这一结果也使得我们看到,城市化进程与植被覆盖之间的关系是复杂的,如在城市化的进程中,不能处理好城市化进程与生态环境的关系,城市化将不具有可持续性,而通过发挥城市化的各种正外部性作用,城市化进程与生态环境之间能够协调发展。

5.4.2　城市化进程的质量各维度对植被覆盖的影响差异

城市是所有共性特征的各种因素的高度集聚,各子系统间相互影响,相互作用。城市化进程中城市化质量各维度都对植被覆盖产生相应的影响,因此,有必要考察城市化质量各维度对植被覆盖的影响效应。表 5-12 回归结果显示,经济发展、基础设施、居民生活、社会发展和生态环境各维度的影响系数均为正,且均在 1% 的水平上显著。具体来看,经济发展、基础设施、居民生活、社会发展和生态环境的影响系数分别为 0.086、0.134、0.093、0.125 和 0.095,说明城市化质量基础设施和社会发展维度对植被覆盖的促进作用较经济发展、居民生活和生态环境维度更为显著。在我国传统的城市化建设过程中,主要强调城区面积的扩张和基础设施水平的提高,城市建设投资成为推动城市经济增长的主要动力,大量的房地产开发、重复建设导致了资源浪费、植被破坏,大量的植被土地类型被改变,用于城市的快速扩张。在城市化的发展阶段,社会公平是城市化进程顺利推进和实现可持续性发展的保障。近年来,我国通过不断深化土地管理改革、完善覆盖城乡的社会保障制度等措施,促进社会公平和协调发展,各地方政府在城市教育公平、城市环境改善、城市民生改善等方面进行了积极探索,并积累了宝贵的经验。此外,在城市建设过程中,不断提升城市规划的能力,坚持总体规划和长远规划,完善对城市道路系统和功能规划的管理机制,进一步完善城市功能,合理进行土地规划。因此,上述原因引致了城市化质量的各维度对植被覆盖产生了促进作用。

表5-12 城市化质量五个维度对植被覆盖率的影响效应

Fig. 5-12 Effects of five dimensions of urbanization quality on vegetation cover

核心解释变量	经济发展		基础设施		居民生活		社会发展		生态环境	
	(1) FE	(2) FE	(3) FE	(4) FE	(5) FE	(6) FE	(7) FE	(8) FE	(9) FE	(10) FE
lnurban2	0.104*** (0.023)	0.086*** (0.021)								
lnurban2			0.148*** (0.025)	0.134*** (0.023)						
lnurban2					0.110*** (0.021)	0.093*** (0.019)				
lnurban2							0.156*** (0.031)	0.125*** (0.030)		
lnurban2									0.105*** (0.014)	0.095*** (0.014)
lngdp	0.004 (0.003)	0.003 (0.003)	−0.001 (0.002)	−0.001 (0.002)	0.005 (0.003)	0.004* (0.002)	0.006** (0.003)	0.004 (0.003)	0.004* (0.002)	0.004* (0.002)
lnsheep	0.004 (0.006)	0.005 (0.006)	−0.004 (0.006)	−0.001 (0.006)	0.010 (0.007)	0.009 (0.006)	−0.007 (0.005)	−0.005 (0.006)	0.007 (0.005)	0.007 (0.006)
lneco	0.012*** (0.004)	0.012*** (0.004)	0.011* (0.006)	0.010* (0.005)	0.011*** (0.003)	0.010*** (0.004)	0.015*** (0.005)	0.015*** (0.005)	0.004 (0.003)	0.004 (0.003)
lntem		0.149*** (0.038)		0.140*** (0.031)		0.121* (0.040)		0.113*** (0.041)		0.083** (0.034)
lnrain		0.020*** (0.005)		0.023*** (0.004)		0.019*** (0.005)		0.019*** (0.005)		0.014*** (0.004)
_cons	0.449*** (0.051)	−0.182 (0.173)	0.495*** (0.046)	−0.150 (0.141)	0.401*** (0.052)	−0.125 (0.175)	0.497*** (0.048)	−0.014 (0.164)	0.391*** (0.045)	0.021 (0.143)
N	600	600	600	600	600	600	600	600	600	600
R^2	0.301	0.332	0.379	0.421	0.354	0.376	0.316	0.334	0.473	0.482

注：1. 括号内为聚类稳健标准误。

2. $*p<0.1$，$**p<0.05$，$***p<0.01$。

5.5 本章小节

本章的研究主要聚焦于中国城市化进程是否显著改变了植被覆盖水平，主要从城市化速度和城市化质量两个侧面来考察城市化进程对植被覆盖的影响效应。首先，通过城市化水平百分点的年变化进行测度城市化速度，然后构建了经济发展、基础设施、居民生活、社会发展、生态环境五个维度指标，并利用熵权法测度城市化质量；其次，通过构建固定效应模型，精准评估了城市化进程对植被覆盖的影响效应；再次，对基准回归结果进行稳健性和内生性检验；最后，基于东、中、西和东北地区的差异进行异质性分析，以及城市化质量各维度对植被覆盖的影响分析。本章得到如下结果：

第一，市化进程的分析表明，近几年来，城市化速度呈现出平稳下降的趋势，表明城市化发展进入新阶段，城市化速度逐渐趋于稳定；而城市化质量始终趋于稳步上升的趋势。可见，中国已从城市化速度快速发展阶段转变成城市化质量发展阶段，城市化进程表现为以城市化质量为核心的发展阶段。

第二，影响效应分析表明，城市化速度对植被覆盖无显著影响，而城市化质量对植被覆盖的影响系数在 1% 的水平上显著为正，说明城市化进程中的城市化质量能够显著改善植被覆盖水平。此外，通过剔除直辖市和自治区样本、替换被解释变量和核心解释变量、使用差分 GMM 模型方法进行回归，结果表明基准模型估计具有稳健性。同时，引入解释变量滞后一期作为解释变量和利用工具变量法进行估计发现，内生性问题对本书的基本结论并无实质性影响。此外，研究也发现自然资源禀赋对当期的植被覆盖水平产生了正向影响。

第三，异质性分析表明，城市化质量对植被覆盖的影响在不同地区具有显著差异。具体地，在中部、西部和东北地区城市化质量对植被覆盖水平产生了促进作用，而在土地资源紧张的东部地区城市化质量对植被覆盖未产生明显的促进作用；同时城市化五个维度对整体植被覆盖和区域植被覆盖均具有促进作用。因此，各省应注重城市化质量的提升，同时协调好区域发展，加强对植被资源的生态保护，推动城市化进程与植被覆盖的协调发展。

6 城市化进程对植被覆盖的
传导路径及门槛效应

前文从理论层面探讨了城市化提升了植被覆盖的作用机制,并且利用经验数据证实了城市化进程对植被覆盖水平具有正向影响效应。但是城市化进程具体通过哪种途径提升了植被覆盖水平呢? 在这个过程中的作用机制和影响渠道是什么? 城市化进程对植被覆盖是否存在非线性的复杂关系? 通过第三章的分析可知,城市化通过道路建设引起的农村人口转移减轻了植被的压力及在道路完工后对道路两侧进行生态恢复,有可能会间接或直接提升植被覆盖的水平;产业结构可以通过产业的合理流动和优化配置,从而有效地降低生态污染;城市化的进程中通过现代化的制度变革,能够实现城市化进程与植被覆盖的协调发展。为此,本章通过构建中介效应模型和利用交互机制依次检验城市化进程能否通过前文提出的传导路径影响植被覆盖水平。同时,本章通过构建门槛效应模型,进一步考察城市化进程与植被覆盖是否存在非线性影响关系。

6.1 城市化进程对植被覆盖的传导路径分析

6.1.1 道路建设的传导路径分析

前文的理论分析指出,道路建设是城市化进程影响植被覆盖水平的重要渠道。具体而言,城市化推进过程中需要道路的新建和扩建,道路建设期对植被覆盖起到破坏作用,而道路建成期后需要栽种护路林,进而影响了植被覆盖水平。因此,本节选取道路建设作为城市化进程影响植被覆盖水平提升的中介变量,来测度城市化进程影响植被覆盖水平的中介变量的作用方向和大小。本节通过构建中介效应模型对这种机制进行检验。

6.1.1.1 中介作用原理

若自变量 X 可以通过变量 M 对因变量 Y 产生影响,则变量 M 在自变量 X 和因变量 Y 之间起到了中介传导作用,称变量 M 为自变量 X 影响因变量 Y 过程中的中介变量。中介效应分析主要是判断自变量 X 与因变量 Y 之间的影响作用部分或者全部是由中介变量 M 产生的[132]。其中介效应模型为:

$$Y = \beta_1 + cX + e_1 \tag{6-1}$$
$$M = \beta_2 + aX + e_2 \tag{6-2}$$
$$Y = \beta_3 + c'X + bM + e_3 \tag{6-3}$$

其中,a、b、c、c' 为边际系数;c 表示总效应;c' 表示直接效应;ab 表示中介效应;在无遮掩问题时,$c = c' + ab$;e 为回归残差。

对中介效应进行检验时,一般步骤为:

第一步,检验系数 c,如果系数 c 通过显著性检验,则可以进一步检验中介效应;若 c 未通过显著性检验,则可能存在遮掩问题,需进一步考察。

第二步,依次检验系数 a、b 的显著性,如果两者都通过检验,则存在中介效应;如果仅其中一个通过检验,则需要构建 z 统计量进行 Sobel 检验,根据检验结果判断是否存在中介效应;若果 a、b 均未通过显著性检验,则不存在中介效应。

第三步,检验系数 c' 的显著性,如果通过检验,则存在直接效应,反之则不存在直接效应。

第四步,比较 c' 和 ab,当两者均显著时,则存在部分中介效应;当 ab 显著成立,c' 不显著时,为完全中介效应;c' 和 ab 均不显著时,无因果关系。此外,c' 和 ab 异号时,往往存在遮掩问题。

运用 Sobel 检验中介效应时,原假设为 $H_0: ab = 0$,构建 z 统计量,即:

$$z = \frac{ab}{\sqrt{a^2 s_b^2 + b^2 s_a^2}} \tag{6-4}$$

其中,s_a 和 s_b 为回归系数 a 和 b 的标准误。

6.1.1.2 模型构建

为进一步打开城市化进程影响植被覆盖的机制,探究这种影响是否通过

道路新建和扩建的作用机制进行检验,本书采用中介效应模型对上述机制进行检验。具体模型如下:

$$y_{it} = \beta_0 + c * \text{urban2}_{it} + X'_{it}\beta_2 + \mu_i + \varepsilon_{it} \qquad (6\text{-}5)$$

$$M_{it} = \beta_0 + a * \text{urban2}_{it} + X'_{it}\beta_2 + \mu_i + \varepsilon_{it} \qquad (6\text{-}6)$$

$$\gamma_{it} = \beta_0 + c'\text{urban2}_{it} + bM_{it} + X'_{it}\beta_2 + \mu_i + \varepsilon_{it} \qquad (6\text{-}7)$$

其中,y_{it} 表示植被覆盖水平,i 表示地区(省、自治区、直辖市),t 表示年份。urban2_{it} 表示城市化进程中的城市化质量;M_{it} 为可能的中介变量,本书使用道路里程来衡量道路建设情况,根据上文介绍的中介效应原理,来检验系数的显著性,来考察中介效应;X'_{it} 表示一系列与植被覆盖相关的控制变量,主要包括各地区的经济增长、放牧强度、营林投资、降水量、气温。u_i 为地区固定效应,以控制地区层面不可观测因素对植被覆盖水平的影响;β 为待估系数;ε 为随机扰动项。

6.1.1.3 实证结果分析

城市化进程通过缩小道路交通成本和连接不同区域以促进当地的经济发展,所以城市化进程一般会伴随大规模的基础交通建设。城市化进程中通过公路投资对植被覆盖的影响可以是正的,也可以是负的。一方面,道路建设破坏了原有土地,道路施工占用了大量周边土地,同时道路建设具有里程长、周期长的特点,在建设期对原有的植被具有破坏作用。而另一方面,道路建成后需要改善公路周围环境、水循环、土壤环境、空气质量,同时道路建设在控制交通噪声、灯光等方面具有很好的作用,可有效改善公路两侧的生态环境,因此在建成期,公路建设又会恢复甚至提升植被覆盖水平。因此,城市化进程中通过道路建设对植被覆盖水平的净效应方向取决于正负两种相反效应的大小。

为考察城市化进程通过道路建设对植被覆盖水平产生的不确定性进行估计。本书将公路里程纳入估计模型中,利用中介效应模型来验证上述理论分析。表 6-1、表 6-2 报告了基于固定效应的中介效应的估计结果,中介变量为公路里程。在全国层面表明城市化进程对植被覆盖水平的直接效应为0.075,并且在 1% 水平上显著为正,总效应为 0.146,也在 1% 水平上显著为正,其中道路里程在城市化进程影响植被覆盖水平的过程中发挥的中介效应为 0.072,也通过了 1% 的显著水平检验,这表明在全国层面上,道路的建设在城市化进程促进植被覆盖水平的过程中发挥了部分中介作用,其中介效应在总效应中占比 44.45%。

表 6-1、表 6-2 报告了地区层面上城市化进程对植被覆盖影响的中介因素检验。西部地区,道路建设在城市化进程促进植被覆盖的总效应为 0.215,直接效应为 0.147,中介效应为 0.071,三种效应均在 10% 以上的显著性为正,中介效应总效应的 32.51%,并且西部地区总效应、直接效应和中介效应的回归系数均比全国层面上的回归系数大,这表明东部地区道路建设在城市化进程促进植被覆盖的过程中发挥了部分中介作用,其所引致的道路建设后对植被覆盖提升的效应高于全国层面;东北地区,道路建设在城市化促进植被覆盖的总效应为 0.240,直接效应为 0.114,中介效应为 0.123,三种效应均在 10% 以上的显著性为正,中介效应占总效应的 51.21%,并且东北地区总效应、直接效应和中介效应的回归系数均比全国层面的回归系数大,这表明东北地区道路建设在城市化促进植被覆盖的过程中发挥了部分中介作用,其所引致的道路建设后对植被覆盖提升的效应高于全国层面;中部地区,道路建设在城市化进程促进植被覆盖的总效应为 0.090,直接效应为 0.050,中介效应为 0.040,三种效应均在 5% 以上的显著性为正,中介效应占总效应的 44.62%,并且中部地区总效应、直接效应和中介效应的回归系数均比全国、西部和东北地区层面上的回归系数小,这表明中部地区道路建设在城市化进程促进植被覆盖的过程发挥了部分中介作用,其所引致的道路建设后对植被覆盖提升的效应低于全国、西部和东北地区。从以上分析可知,城市化进程过程中能够通过道路建设驱动植被覆盖的提升,验证了前文的理论分析。

表 6-1 城市化进程影响植被覆盖过程中的中介因素检验

Tab.6-1 Test of intermediary factors in the process of urbanization affecting vegetation cover

变量	全国	西部地区	东北地区	中部地区
总效应	0.146***	0.215***	0.240***	0.090***
直接效应	0.075***	0.147***	0.114*	0.050*
中介效应	0.072***	0.071*	0.123*	0.040**
中介效应占比	49.39%	32.51%	51.21%	44.62%
结论	部分中介	部分中介	部分中介	部分中介

注:1. * $p<0.1$, ** $p<0.05$, *** $p<0.01$。

表6-2 道路建设传导路径的估计结果

Tab. 6-2 Estimation results of conduction path of road construction

被解释变量	全国			西部			中部			东北		
	(1)	(2)	(3)	(4)	(5)	(6)	(7)	(8)	(9)	(10)	(11)	(12)
	lnndvi	lnroad	lnndvi	lnndvi	lnroad	lnndvi	lnndvi	lnroad	lnndvi	lnndvi	lnroad	lnndvi
	FE	FE	FE	FE	FE	FE	FE	FE	FE	FE	FE	FE
lnurban2	0.146***	4.242***	0.075***	0.215***	5.077***	0.147***	0.090***	4.016***	0.050*	0.240***	6.468***	0.114*
	(0.022)	(0.427)	(0.020)	(0.041)	(0.814)	(0.023)	(0.021)	(0.887)	(0.023)	(0.007)	(0.364)	(0.037)
lnroad			0.017***			0.014*			0.010**			0.0194*
			(0.004)			(0.006)			(0.003)			(0.006)
lngdp	0.009**	0.223***	0.006**	0.004	0.133*	0.003	0.004	0.247*	0.002	0.012***	0.281**	0.006
	(0.003)	(0.050)	(0.003)	(0.003)	(0.0687)	(0.004)	(0.006)	(0.120)	(0.004)	(0.001)	(0.057)	(0.003)
lnsheep	0.012*	-0.121	0.014**	0.021	-0.723*	0.031	-0.003	-0.357*	0.001	0.023	0.294	0.018
	(0.006)	(0.112)	(0.006)	(0.022)	(0.368)	(0.023)	(0.008)	(0.157)	(0.008)	(0.019)	(0.158)	(0.019)
lneco	0.007*	0.005	0.007*	0.005	0.218	0.002	0.033**	0.282	0.030**	-0.018***	-0.176	-0.014**
	(0.004)	(0.078)	(0.004)	(0.008)	(0.181)	(0.008)	(0.013)	(0.432)	(0.012)	(0.001)	(0.126)	(0.003)
lntem	0.047	-0.148	0.049	0.046	0.869	0.034	0.078	-1.410**	0.092	-0.179	-2.487**	-0.131
	(0.033)	(0.559)	(0.032)	(0.052)	(0.806)	(0.047)	(0.065)	(0.568)	(0.065)	(0.092)	(0.413)	(0.087)
lnrain	0.012**	-0.013	0.012***	0.020***	0.0826	0.019***	0.022**	-0.004	0.022**	0.003	-0.309	0.009
	(0.004)	(0.051)	(0.004)	(0.005)	(0.0917)	(0.005)	(0.007)	(0.068)	(0.007)	(0.009)	(0.148)	(0.008)
_cons	0.115	4.255*	0.044	-0.097	5.442	-0.171	0.085	10.57***	-0.021	0.848	10.09*	0.652
	(0.134)	(2.361)	(0.141)	(0.208)	(3.535)	(0.204)	(0.200)	(2.305)	(0.223)	(0.343)	(3.007)	(0.334)
N	600	600	600	180	180	180	140	140	140	60	60	60
R^2	0.438	0.693	0.490	0.612	0.751	0.636	0.544	0.775	0.560	0.764	0.810	0.815

注：1. 括号内为聚类稳健标准误。
2. *$p<0.1$，**$p<0.05$，***$p<0.01$。

6.1.2 产业结构的传导路径分析

产业结构升级是城市化影响植被覆盖的另一重要机制。为检验城市化能否通过这种渠道影响植被覆盖,本节主要采用交互项进行实证分析,来检验城市化进程能否通过产业结构升级对植被覆盖水平产生影响作用。

6.1.2.1 计量模型—交互项

为进一步检验城市化进程能否能够通过产业结构升级对植被覆盖产生影响,本书通过构建交互项的固定效应模型进行分析,具体模型如下:

$$y_{it} = \beta_0 + \beta_1 \mathrm{urban2}_{it} + \alpha * \mathrm{sce}_{it} + \mu * \mathrm{sce}_{it} * \mathrm{urban2}_{it} + X'_{it}\beta_2 + \mu_i + \varepsilon_{it}$$

$$(6\text{-}8)$$

其中,y_{it} 表示植被覆盖水平,i 表示地区(省、自治区、直辖市),t 表示年份。$\mathrm{urban2}_{it}$ 表示城市化进程中的城市化质量;sce_{it} 为第三产业 GDP 与第二产业 GDP 比值,用来表征产业结构升级;本节主要研究的是使用交互项系数 μ 来考察城市化过程中产业结构升级能否提升植被覆盖水平;X'_{it} 表示一系列与植被覆盖相关的控制变量,主要包括各地区的经济增长、放牧强度、营林投资、降水量、气温。u_i 为地区固定效应,以控制地区层面不可观测因素对植被覆盖水平的影响;α、β 为待估系数;ε 为随机扰动项。

6.1.2.2 实证结果分析

城市化过程中,产业结构也会发生转变。产业结构对生态环境的影响,要看产业比例和生产要素配置的调整方向是否转向环境友好型的生产活动,若如此必然会带来生态环境的提升;否则若转向环境非友好型的生产活动,则可能带来生态环境恶化。在样本期内,产业间的流动更多体现为制造业向服务业的转移,以及不同产业向不同地区进行转移的过程。因此,产业结构对植被覆盖水平的净效应方向取决于产业结构能否升级,从第二产业转向环境友好的第三产业的程度,能够发挥城市化的正外部效应。因此,用第三产业 GDP 与第二产业 GDP 之比来进行衡量产业结构升级情况,并利用城市化与产业结构交互项的方法,来考察产业结构升级在城市化进程中对植被覆盖水平的影响。

表 6-3 报告了城市化进程与产业结构交互对植被覆盖水平的影响。列
(1)为未加入控制变量的结果,列(2)为只控制了社会经济因素的结果,列(3)
为同时控制了社会经济因素和自然因素的结果,可以看出交互项的系数大小
和显著性变化较小,说明模型结果具有一定的稳健性。列(3)中城市化前的
系数为 0.115,在 1% 的水平上显著,城市化进程与产业结构交互项系数为
0.053,在 10% 水平上显著。这表明产业结构升级在城市化进程促进植被覆
盖水平提升的过程中发挥着重要的正向调节作用,验证了前文论述的部分理
论机制。

表 6-3 产业结构传导路径的估计结果

Tab.6-3 Estimation results of transmission path of industrial structure

	(1)	(2)	(3)
	FE	FE	FE
lnurban2	0.098 ***	0.123 ***	0.115 ***
	(0.035)	(0.034)	(0.034)
lnurban2 * lnsce	0.057 *	0.057 **	0.053 *
	(0.028)	(0.027)	(0.026)
lnsce	−0.044 ***	−0.036 ***	−0.039 ***
	(0.009)	(0.011)	(0.011)
lngdp		0.006 **	0.005 *
		(0.003)	(0.003)
lnsheep		0.014 **	0.014 **
		(0.006)	(0.006)
lneco		0.004	0.004
		(0.004)	(0.004)
lntem			0.067 **
			(0.030)
lnrain			0.012 ***
			(0.004)

	(1)	(2)	(3)
	FE	FE	FE
_cons	0.508***	0.375***	0.076
	(0.008)	(0.049)	(0.122)
N	600	600	600
R^2	0.417	0.446	0.460

注:1.括号内为聚类稳健标准误。

2. * $p<0.1$, ** $p<0.05$, *** $p<0.01$。

6.1.3　保护政策的传导路径分析

根据生态现代化理论,现代化晚期阶段可以产生促进生态可持续性的保护政策变化。我国从1998年以来开始了大规模的天保工程、退耕还林工程等国土绿化工程。保护政策是城市化进程影响植被覆盖的另一重要机制。为检验城市化进程能否通过这种渠道影响植被覆盖,本节主要采用交互项进行实证分析。

6.1.3.1　计量模型—交互项

由于20世纪以来中国开展了最大规模的林业工程建设,为进一步检验城市化进程能够通过保护政策对植被覆盖产生影响,因此本书使用营林政策来表征保护政策。本书通过构建交互项的固定效应模型进行分析,具体模型如下:

$$y_{it} = \beta_0 + \beta_1 \text{urban2}_{it} + \alpha * \text{eco}_{it} + \mu * \text{eco}_{it} * \text{urban2}_{it} + X'_{it}\beta_2 + \mu_i + \varepsilon_{it}$$

$$(6-9)$$

其中,y_{it} 表示植被覆盖水平,i 表示地区(省、自治区、直辖市),t 表示年份;urban2_{it} 表示城市化进程中的城市化质量;eco_{it} 为营林固定资产投资与GDP比值,用来表征保护政策;本节主要研究的是使用交互项 μ 来考察城市化过程中保护政策能否提升植被覆盖水平;X'_{it} 表示一系列与植被覆盖相关的控制变量,主要包括各地区的经济增长、放牧强度、降水量、气温;u_i 为地区固定效应,以控制地区层面不可观测因素对植被覆盖水平的影响;$\alpha、\beta$ 为待估系数;ε 为随机扰动项。

6.1.3.2　实证结果分析

表 6-4 报告了城市化进程与保护政策交互对植被覆盖水平的影响。列(1)为未加入控制变量结果,列(2)为中控制了社会经济因素的结果,列(3)为同时控制了社会经济因素和自然因素的结果,可以看出交互项的系数大小变化较小,显著性没有变化,说明模型结果具有一定的稳健性。列(3)中城市化进程前的系数为 0.091,在 1% 的水平上显著为正,城市化进程与保护政策交互项系数为 0.150,在 1% 水平上显著为正。这表明保护政策在城市化进程促进植被覆盖水平提升的过程中发挥着重要的正向调节作用,验证了前文论述的部分理论机制。

表 6-4　保护政策传导路径的估计结果

Tab.6-4　Estimation results of institutional policy conduction path

	(1)	(2)	(3)
	FE	FE	FE
lnurban2 * lneco	0.152 ***	0.158 ***	0.150 ***
	(0.049)	(0.048)	(0.049)
lnurban2	0.068 **	0.096 ***	0.091 ***
	(0.026)	(0.030)	(0.030)
lneco	−0.031 ***	−0.032 ***	−0.030 ***
	(0.011)	(0.011)	(0.011)
lngdp		0.011 ***	0.011 ***
		(0.002)	(0.002)
lnsheep		0.007	0.007
		(0.006)	(0.006)
lntem			0.025
			(0.032)
lnrain			0.010 **
			(0.004)

	(1)	(2)	(3)
	FE	FE	FE
_cons	0.492 ***	0.401 ***	0.244 *
	(0.006)	(0.052 7)	(0.131)
N	600	600	600
R^2	0.416	0.458	0.467

注:1.括号内为聚类稳健标准误。

2.* $p<0.1$, ** $p<0.05$, *** $p<0.01$。

进一步,为确保上述理论机制的稳健性,本书利用中介效应模型检验城市化进程能否通过保护政策对植被覆盖的影响进行估计。本书利用中介效应模型来验证前文理论分析。表 6-5 报告了基于固定效应的中介效应的估计结果,中介变量为保护政策。在全国层面表明城市化进程对植被覆盖的直接效应为 0.146,并且在 1% 水平上显著为正,总效应为 0.153,也在 1% 水平上显著为正,其中保护政策在城市化进程中影响植被覆盖的过程中发挥的中介效应为 0.007,也通过了 1% 的显著性水平检验,这表明在全国层面上,保护政策在城市化进程中促进植被覆盖水平的过程中,发挥了部分中介作用,其中介效应在总效应中占比为 4.5%。通过以上交互项和中介效应的分析可知城市化质量通过保护政策促进植被覆盖水平的提升。

表 6-5　保护政策传导路径的估计结果:基于中介模型

Tab.6-5　**Estimation results of institutional policy conduction path:mediation model**

被解释变量	lnndvi	lneco	lnndvi
	(1)	(2)	(3)
	FE	FE	FE
lnurban2	0.153 ***	1.008 ***	0.146 ***
	(0.020)	(0.291)	(0.022)
lneco			0.007 *
			(0.004)
lngdp	0.009 ***	−0.011	0.009 ***
	(0.003)	(0.0199)	(0.003)

续表

被解释变量	lnndvi	lneco	lnndvi
	（1）	（2）	（3）
	FE	FE	FE
lnsheep	0.012*	−0.020	0.012*
	(0.006)	(0.063)	(0.006)
lntem	0.041	−0.715**	0.047
	(0.033)	(0.319)	(0.033)
lnrain	0.012**	−0.013	0.012**
	(0.004)	(0.026)	(0.004)
_cons	0.134	2.683**	0.115
	(0.134)	(1.277)	(0.134)
N	600	600	600
R^2	0.433	0.210	0.438

注:1.括号内为聚类稳健标准误。

2.* $p<0.1$,** $p<0.05$,*** $p<0.01$。

6.2 城市化进程对植被覆盖的门槛效应分析

前文的实证分析验证了城市化进程对植被覆盖具有正向影响效应。但这主要基于线性影响关系的假设,忽略了城市化与植被覆盖之间可能存在的非线性关系。但在实践中,城市化进程不仅涉及城市人口的增加,而且还关系到经济发展、产业结构升级等一系列城市的内涵发展。鉴于此,本节进一步进行拓展性分析,考察城市化进程对植被覆盖是否存在非线性影响。

6.2.1 门槛效应模型

前文从理论和实证层面验证了不考虑"门槛效应"的城市化进程对植被覆盖的正向促进作用。但在实践中,城市化过程伴随着土地扩张、自然资源的攫取等造成的植被破坏,因此城市化初期大量的土地类型被改变,根据生态现代化理论城市化中后期开始转向社会、经济和生态和谐发展,所以城市化推进可能对植被覆盖产生非线性影响。传统的方法受分组标准的制约,不能准确检验门槛的个数,也不能有效地估计出准确的门槛值。Hansen(1999)的门限回归模型建模不仅能够估计出门槛值,还可以对门槛值的准确性及内生的"门槛效应"进行显著性检验[133]。因此,本书采用门槛效应模型进行估计,在方程(5-6)的基础上,建立年份的门槛效应模型,来考察不同时期城市化进程与植被覆盖水平之间是否存在非线性关系。

当回归模型存在单一门槛时,模型设定如下:

$$y_{it} = \beta_1 \text{urban2}_{it} \cdot I(q_{it} \leqslant \gamma) + \beta_2 \text{urban2}_{it} \cdot I(q_{it} > \gamma)$$
$$+ \beta_0 + X'_{it}\beta_3 + \mu_i + \varepsilon_{it} \tag{6-10}$$

其中,i 表示地区(省、自治区、直辖市),t 表示年份;y_{it} 表示植被覆盖水平;urban2_{it} 为城市化进程中的城市化质量;X'_{it} 为一组控制变量,包括经济增长、放牧强度、营林投资、降水量、气温,与方程(5-6)内容一致;I 为指示函数(取值 0 或 1);q_{it} 为门槛变量(既可以使解释变量中的一个回归元,也可以是某一独立门槛变量),本书使用年份作为门槛变量;γ 为门槛值;μ_i 为固定效应;β 和 ε_{it} 为待估系数和随机误差项。

Hansen(1999)将门限变量中每个观测值均可作为可能的门限值,将满足方程(6-1)的门槛值确定后,其他参数值也随之确定。对最优门槛值 $\hat{\gamma}$ 的搜索为不同门限值下所有残差平方和 $\text{SSR}(\gamma)$ 中最小的 $\text{SSR}(\hat{\gamma})$,得到估计系数 $\hat{\beta}(\gamma)$。

检验以门槛值划分的两组样本模型估计参数是否存在显著性差异,原假设为 $H_0:\beta_1 = \beta_2$,即不存在门槛值的零假设,但是在备择假设下多了一个未知参数 γ 成为冗余参数,所以传统的检验统计量尤效。因此,构建了 LM 统计量,对零假设进程统计检验的统计量公式为:

$$F = \frac{S_0 - S(\hat{\gamma})}{\hat{\delta}} \tag{6-11}$$

其中,

$$\hat{\delta}^2 = \frac{S(\hat{\gamma})}{n(T-1)}$$

其中,S_0 和 $S(\hat{\gamma})$ 分别表示在无限门槛时的估计残差平方和以及在原假设约束条件下的残差平方和;n 表示样本个体个数;T 表示时间跨度。

当确定了某一变量存在"门槛效应"时,还需要进一步确定门槛值的置信

区间,即确定门槛值的真实性。构建似然比统计量(Likelihood Ratio,LR):

$$LR = \frac{S(\gamma) - S(\hat{\gamma})}{\hat{\delta}^2} \qquad (6\text{-}12)$$

根据 LR 渐进分布计算临界值,如果 LR 统计检验拒绝原假设,则认为存在门槛效应,反之,则认为不存在门槛效应。但存在单门槛效应时,可以进一步考察是否存在多门槛的情况,以下为双门槛估计形式:

$$y_{it} = \beta_1 \text{urban2}_{it} \cdot I(q_{it} \leqslant \gamma_1) + \beta_2 \text{urban2}_{it} \cdot I(\gamma_1 \leqslant q_{it} \leqslant \gamma_2)$$
$$+ \beta_3 \text{urban2}_{it} \cdot I(q_{it} \geqslant \gamma_2) + \beta_0 + X'_{it}\beta_3 + \mu_i + \varepsilon_{it}$$

$$(6\text{-}13)$$

其中,γ_1 和 γ_2 为带估门限参数($\gamma_1 < \gamma_2$);μ_i 为固定效应;β 和 ε_{it} 为待估系数和随机误差项。

最后,通过构建近似似然统计比的方法进行多门槛效应检验(略),直到拒绝零假设为止,并同时求解对应模型的系数。本节将使用固定效应面板门槛效应模型分析城市化对植被覆盖的门槛效应。

6.2.2 实证结果分析

6.2.2.1 门槛效应检验

首先,需要确定门槛的个数,以便确定模型的形式。依次设定不存在门槛、一个门槛和两个门槛对模型进行估计。表 6-6 显示了城市化进程与植被覆盖水平模型在不同门槛检验类型的 F 统计量和采用 Bootstrap 方法得出的 P 值。单门槛估计值为 2002 年,F 统计量为 46.11,P 值为 0.000,在 1% 水平上显著,所以拒绝原假设,认为至少存在 1 个门槛;双门槛估计值为 2008 年,F 统计量为 8.83,P 值为 0.5,在 1% 水平上接受原假设,认为不存在第 2 个门槛。

图 6-1 绘制的似然比函数图能够帮助我们更为清楚地理解单个门槛估计值和置信区间的构筑过程,所有 LR 值小于 5% 显著性水平下的临界值的构成的区间为构成门槛估计值的 95% 置信区间。所以,在原假设接受域内,即单个门槛值都与实际门槛值相等。因此,以年份为门槛的城市化进程对植被覆盖水平的影响模型估计将基于单门槛模型进行分析。

表 6-6 门槛效果检验、门槛估计值和置信区间

Tab.6-6 Threshold effect test,threshold estimate and confidence interval

变量	单门限	双门限
单门槛估计值	2002[2001,2003]	
双门槛估计值		2008[2007,2009]
F 统计量	46.11***	8.83
临界值 1%	32.588	27.876
临界值 5%	24.169	21.674
临界值 10%	22.365	18.940
P 值	0.000	0.50
Bootstrap 次数	400	400

注:1.p 值和临界值采用 Bootstrap 法重复 400 次模拟得出。

2.* $p<0.1,$ ** $p<0.05,$ *** $p<0.01$。

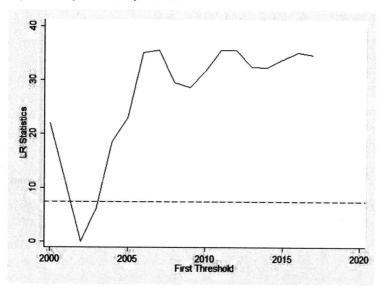

图 6-1 基于年份变量的第一个门槛估计值和置信区间

Fig.6-1 First threshold estimate and confidence interval based on year variable

6.3.3.2 实证分析

根据上文门槛效应检验可知,存在单一门槛现象,门槛值为 2002 年。根据门槛值进行区间分组,以2000—2002年和2003—2020年为个两个时间段,对样本进行分别回归,以考察不同时期城市化进程与植被覆盖之间是否存在非线性影响关系。根据基准方程(5-6)对城市化进程与植被覆盖水平之间关系进行分段识别,表6-7回归结果显示出较为显著的时间动态结构性变化特征。其中,列(1)和(3)给出了城市化进程对植被覆盖水平的影响仅控制了社会经济因素。此外,为了增加模型的稳健性,在列(2)和(4)中同时加入了社会经济因素和自然因素,包括经济增长、放牧强度、营林固定资产投资占比、气温和降水量。回归结果表明,估计系数符号和显著性均未发生变化,估计结果依然稳健。列(1)和(2)为2002年之前城市化进程与植被覆盖水平的影响关系,回归结果表明,城市化进程与植被覆盖之间呈现显著的负向相关关系,城市化每提高1%,植被NDVI指数将下降0.137%。列(3)和(4)为2003年以后城市化进程与植被覆盖水平的影响关系,估计结果表明,从2003年开始城市化进程与植被覆盖水平的估计系数显著为正,城市化每提高1%,植被NDVI指数将上升0.101%。说明从2003年开始,我国城市化进程与植被覆盖水平之间呈现出协同发展的趋势,这一结果表明,城市化进程与植被覆盖水平存在非线性影响关系。

表6-7 城市化阶段对植被覆盖影响的估计结果

Tab.6-7 Estimation results of the impact of urbanization stage on vegetation cover

	(1)	(2)	(3)	(4)
时间段	2000—2002	2000—2002	2003—2019	2003—2019
	FE	FE	FE	FE
lnurban2	−0.152***	−0.137***		
	(0.037)	(0.034)		
lnurban2			0.109***	0.101***
	(0.016)			(0.017)
lngdp	−0.006*	−0.005	0.004*	0.003
	(0.003)	(0.003)	(0.002)	(0.002)
lnsheep	−0.005	−0.002	0.011**	0.012**
	(0.005)	(0.005)	(0.005)	(0.005)

续表

时间段	(1) 2000—2002 FE	(2) 2000—2002 FE	(3) 2003—2019 FE	(4) 2003—2019 FE
lneco	0.016*** (0.004)	0.015*** (0.004)	0.006 (0.004)	0.006 (0.004)
lntem		0.146*** (0.026)		0.065** (0.032)
lnrain		0.018*** (0.003)		0.011*** (0.004)
_cons	0.562*** (0.037)	−0.070 (0.137)	0.390*** (0.041)	0.099 (0.116)
N	600	600	600	600
R^2	0.314	0.359	0.455	0.467

注:1.括号内为聚类稳健标准误。

2. * $p<0.1$, ** $p<0.05$, *** $p<0.01$。

6.2.2.3 稳健性检验

为了保证模型估计结果的稳健性,本书根据公式(5-7)使用差分 GMM,同时选取被解释变量的滞后二阶和滞后三阶作为工具变量分别进行估计,并将估计结果与固定效应基准模型进行对比分析。回归结果如表 6-8 所示,第(1)列和第(2)列为 2000—2002 年城市化进程对植被覆盖的影响,无论是滞后 2 阶还是滞后 3 阶工具变量的模型城市化进程都阻碍了植被覆盖水平的提升。第(3)列和第(4)列为 2003—2019 年城市化进程对植被覆盖的影响,无论是滞后 2 阶还是滞后 3 阶工具变量的模型城市化进程都促进了植被覆盖水平的提升。改变模型后的估计结果与表 6-7 基准模型相比,系数符号和显著性水平均未有改变,说明了基准模型结果的稳健性。

表 6-8　城市化阶段对植被覆盖影响的估计结果:差分 GMM 模型

Tab.6-8　Estimation results of the impact of urbanization stage on vegetation cover:DIF-GMM

时间段 工具变量·	(1) 2000—2002 滞后 2 阶 GMM	(2) 2000—2002 滞后 3 阶 GMM	(3) 2003—2019 滞后 2 阶 GMM	(4) 2003—2019 滞后 3 阶 GMM
L.lnndvi	0.414***	0.465***	0.180***	0.320***
	(0.070)	(0.066)	(0.068)	(0.067)
lnurban2	−0.065***	−0.059***		
	(0.014)	(0.014)		
lnurban2			0.069***	0.056***
			(0.013)	(0.010)
lngdp	−0.002	−0.002	0.002	0.002
	(0.002)	(0.002)	(0.001)	(0.001)
lnsheep	−0.007**	−0.005*	−0.001	0.001
	(0.003)	(0.003)	(0.003)	(0.002)
lneco	0.011**	0.010**	0.002	0.003
	(0.005)	(0.005)	(0.004)	(0.004)
lntem	0.137***	0.132***	0.100***	0.102***
	(0.022)	(0.023)	(0.023)	(0.022)
lnrain	0.013***	0.0134***	0.010***	0.011***
	(0.003)	(0.003)	(0.003)	(0.003)
_cons	−0.177**	−0.209**	0.011	−0.088
	(0.089)	(0.082)	(0.093)	(0.080)
N	540	540	540	540

注:1.括号内为聚类稳健标准误。

2. $^{*}\ p<0.1,^{**}\ p<0.05,^{***}\ p<0.01$。

根据上文分析可知,城市化进程对植被覆盖水平的影响具有显著的区域

差异,那么是否城市化不同时期对植被覆盖也具有显著的区域差异。表 6-9
报告了东、中、西和东北地区不同时期城市化进程对植被覆盖影响的估计结
果。结果可知,中部、西部和东北地区的估计结果与全国一致,2000—2002
年城市化的估计系数为负值,并且在 1% 水平上显著,表明在此期间城市化
进程降低了植被覆盖水平。而在 2003—2019 年城市化进程前的估计系数为
正值,并且在 1% 水平上显著,表明从 2003 年以后中部、西部和东北地区城
市化进程提升了植被覆盖水平。同时,对西部地区的促进作用较大,城市化
每提高 1%,植被覆盖提升 0.125%,而对中部地区的促进作用相对较小,城
市化每提高 1%,植被覆盖仅提升 0.091%。但是,在东部地区,所得到的分
析结果不同,2002 年之前城市化的估计系数为负值,从 2003 年开始城市化
的估计系数为正值,但均不显著,意味着在东部地区城市化进程对植被覆盖
水平的正外部效应正在增加,但两者之间并没有呈现显著的关系。

表 6-9　不同时期城市化进程对植被覆盖的区域影响差异

Tab.6-9　Regional differences in the impact of urbanization on vegetation cover in different periods

	东部		西部		东北		中部	
	(1)	(2)	(3)	(4)	(5)	(6)	(7)	(8)
时间段	2000—2002	2003—2019	2000—2002	2003—2019	2000—2002	2003—2019	2000—2002	2003—2019
	FE	FE	FE	FE	FE	FE	FE	FE
lnurban2	−0.031		−0.235***		−0.234***		−0.205***	
	(0.038)		(0.067)		(0.001)		(0.022)	
lnurban2		0.029		0.152***		0.133***		0.091***
		(0.021)		(0.026)		(0.006)		(0.011)
lngdp	0.008*	0.011***	−0.015*	−0.004	−0.0001	0.006***	−0.009*	0.001
	(0.004)	(0.003)	(0.008)	(0.004)	(0.001)	(0.0003)	(0.002)	(0.004)
lnsheep	−0.013**	−0.009	−0.012	0.013	−0.025*	0.0004	−0.006	−0.0004
	(0.006)	(0.005)	(0.025)	(0.020)	(0.006)	(0.010)	(0.006)	(0.007)
lneco	0.016***	0.014***	−0.009	−0.008	0.020**	−0.003	0.030***	0.019
	(0.003)	(0.004)	(0.009)	(0.007)	(0.004)	(0.001)	(0.008)	(0.010)
lntem	0.010	−0.001	0.237***	0.060*	0.027	−0.074	0.133*	0.063
	(0.053)	(0.052)	(0.028)	(0.028)	(0.054)	(0.063)	(0.057)	(0.053)

续表

	东部		西部		东北		中部	
	(1)	(2)	(3)	(4)	(5)	(6)	(7)	(8)
时间段	2000—2002	2003—2019	2000—2002	2003—2019	2000—2002	2003—2019	2000—2002	2003—2019
	FE	FE	FE	FE	FE	FE	FE	FE
lnrain	0.003	0.002	0.039***	0.019***	0.007	0.003	0.019***	0.019***
	(0.006)	(0.006)	(0.008)	(0.005)	(0.006)	(0.008)	(0.005)	(0.004)
_cons	0.539**	0.538**	−0.447	−0.024	0.653*	0.748*	0.023	0.155
	(0.222)	(0.214)	(0.291)	(0.169)	(0.177)	(0.202)	(0.195)	(0.203)
N	220	220	180	180	60	60	140	140
R^2	0.356	0.368	0.438	0.615	0.817	0.848	0.630	0.616

注:1.括号内为聚类稳健标准误。

　　2.* $p<0.1$, ** $p<0.05$, *** $p<0.01$。

6.3　本章小节

　　本章首先对城市化进程影响植被覆盖的传导路径进行了进一步剖析,并利用中介效应模型和交互项机制依次对道路建设、产业结构和保护政策对城市化进程影响植被覆盖水平的传导路径进行了实证检验。然后,利用门槛效应模型对城市化进程与植被覆盖水平可能存在的非线性影响关系进行了实证检验。得出如下结论:

　　第一,城市化进程对植被覆盖水平的传导路径。①在以公路里程为中介变量的中介效应分析表明,城市化进程能够通过该途径提升植被覆盖水平,这是由于公路在扩建和新建后,需要在公路两侧进行公路绿化,可以发挥公路绿化的交通功能、环境功能、景观功能和生态功能。同时,在地区层面研究表明,西部、中部和东北地区道路建设在城市化进程促进植被覆盖的过程中,发挥了部分中介作用,而且东北地区道路建设发挥的中介作用最大,而中部地区发挥的中介效应最小。②在以产业结构升级为机制的分析中,城市化进程能够通过产业结构升级改善植被覆盖水平,第三产业 GDP 与第二产业

GDP 之比越大,则城市化进程对植被覆盖水平的改善作用越大。③在以保护政策为机制的分析中,城市化进程能够通过保护政策提升植被覆盖水平,营林固定资产投资占 GDP 比重越大,则城市化进程对植被覆盖水平的改善作用越大。

第二,城市化进程与植被覆盖水平的非线性关系。通过门槛效应模型发现城市化进程对植被覆盖水平存在单一门槛现象,发现我国存在一个门槛值,低于这个门槛值,城市化进程阻碍植被覆盖增长,高于这个门槛值,将促进植被覆盖的增长,进而估计了城市化进程与植被覆盖水平可能存在非线性影响关系。研究发现,2002 年之前城市化进程对植被覆盖产生阻碍作用,从 2003 年开始城市化进程对植被覆盖提升起到促进作用,说明城市化进程与植被覆盖水平之间确实存在非线性影响关系,这种影响在中部、西部和东北地区的城市化进程与植被覆盖水平之间的关系与全国的估计结果一致,东部地区没有显著关系。

7 提升植被覆盖水平的策略路径

前文的理论和实证表明,城市化进程能够促进植被覆盖水平提升。因此,推进新型城镇化建设,提升植被覆盖水平,推进城市化进程与生态环境协调发展具有重要意义。本章以如何促进植被覆盖水平提升为核心,结合前文的实证结论提出提升植被覆盖水平的策略路径。

7.1 实现城市化高质量发展,
促进植被覆盖水平提升

根据本书的相关研究结论可知,城市化质量的提升能够显著促进植被覆盖水平的提升。为此,新阶段在构建国土绿化的格局中,在着力提升城市化水平时,城市不仅要追求城市数量规模的增长,更要加快城市化高质量的发展,要采取多种措施,从而推动植被覆盖水平不断提高。

一是推动经济转型发展,大力倡导绿色经济。随着经济增长不断受到自然资源的挑战,推动经济社会向资源效率更高的经济转型势在必行,城市经济增长转向绿色经济发展的要求更为紧迫,城市的绿色经济发展,能够推动城市化高质量发展,并让人们认识到自然资本的价值,并减少碳排放、空气污染,促进植被覆盖水平提升。一方面应增加可再生能源的供应,可以减少化石燃料为基础的能源需求,减少温室气体排放,提高生态环保水平。同时,需要用清洁能源投资和效率提高来替代碳密集能源的投资,为经济发展带来新的机遇,并减少碳排放,有利于环境保护和植被生长。另一方面应增加绿色经济的就业机会,例如增加废物管理、再利用等方面的绿色就业机会,确保其工资水平的提升,促进社会公平正义。

二是不断融入环境教育,提升居民环保意识。一个完善的生态环境制度体系,需要有居民的参与与支持,当居民受教育程度提高,人们就会自觉遵守规则,才能明确自身在城市生态环境建设方面的责任和义务,才能有效地促进城市可持续发展。而全面提高公众的环保意识,促进公众进行绿色消费,需要全社会自觉保护生态环境,而这不是立竿见影能够解决的,需要不断加强教育和宣传。为了实现可持续发展,环境教育应当被优先考虑并实行。提高居民素质,建立环保意识,促使人们改变环境行为,能够提高居民的生活质量。应当将环境教育融入各种形式的教学中,具体做法可以有以下几个内容:第一,政府组织和非政府组织应当推动环境教育,并制订出有关的问题和解决方案,将其融入正规和非正规的课程体系和具体讲课内容中;第二,由于贫困和人口因素也影响着环境教育的效果,因此在推进环境教育时,应考虑不同经济社会阶层的利益和动机;第三,由于不同受众可能在观点和文化背景等方面都不相同,所以环境教育项目应该是参与式的,并且能够解决各种复杂的问题。

7.2 推动产业结构升级,减少自然资源消耗

如前文所述,城市化进程中能够通过产业结构升级来促进植被覆盖水平的提升。产业结构升级不仅涉及产业结构间的转型发展,也涉及产业结构内部的利用效率的提升,二者都能够推动产业结构升级发展。为加快生态文明建设,需要最大限度地节约自然资源,尤其是宝贵的以林草为主的自然资源都离不开提高投入产出效益和转变发展方式。以城市化为内容的产业转型升级进程将能最大限度地提升土地和自然资源使用强度和使用效率。为此,在促进植被覆盖水平提升中,要进一步采取多种措施,努力推动产业结构升级,从而提高自然资源利用效率。

一是提高产业结构内部利用效率。第一,推动农业向生态无害的农业生产转变,例如高效利用水资源、广泛使用有机肥料、改善土壤养分、优化耕作和加强病虫害综合防治等。通过改善供水条件和提高供水效率的政策,可以缓解日益严重的水资源短缺,也能为植被生长提供了充足的水分,避免因水分不足而导致植被死亡,保障国土绿化的成果。第二,制造业在第二产业占有重要比重,其在生产过程中对自然资源开采和水资源的需求量都占有较大

比重,从而增加了植被土地需求和植被生长的水资源用途的竞争。未来制造业应该提高资源利用效率,改善制造操作流程,通过对旧产品和零件的再加工,来节约能源效率。第三,建筑业也是材料资源消耗的较大使用者,也是全球温室气体排放的较大贡献者。建筑业应该通过绿色建筑和改造现有的能源和资源的使用形式,提高材料、土地和水资源的使用效率,减少废物和有害物质的排放。

二是推动产业结构间转型升级的发展。第一,应优化产业结构布局,加快发展第三产业。要根据各地区的自然资源禀赋、地理特征、经济基础等条件,合理优化产业结构布局,同时调整第二产业,加快发展第三产业,发展高新技术产业、金融业、物流业等清洁行业,同时促进信息化和工业化的深度融合发展,使大数据、物联网等信息技术在产业发展中得到广泛应用,从而能够减少污染和节约资源。第二,防止产业结构演进和产业转移造成的环境污染排放加重。应淘汰高污染、高排放、高能耗的产业,提高绿色产品的质量,避免在产业转移的过程中造成污染的转移。

7.3 加强道路及城市规划的生态理念, 促进土地利用的生态效应

根据本书的相关研究结论可知,城市化进程中能够通过道路建设显著促进植被覆盖水平的提升,这主要是由于道路建设后期的植被恢复和绿化带来的植被覆盖水平的提升。尽管目前在道路建设的绿化中绿化率已经较高,道路建成后的植被恢复较好,但是道路建设不可避免地改变原有土地类型,同时不仅是道路建设,在国土空间规划中都更应融入生态保护理念,提升城市规划和管理能力,促进土地利用的生态效应。

城市化往往伴随着大面积的工业区,在城市中心,由高层商业、零售和住宅组成的空间结构正在取代旧城的空间构成,这种城市发展模式将大量增加对城市及周边土地的需求,这导致大量的耕地、草地和林地等植被土地类型改变成不透水层,破坏了生态环境。对于城市而言,为了改善城市环境、减缓和适应气候变化,更好的规划和开发建设能力是至关重要的。根据可持续发展理论,各级政府要实现城市可持续发展目标,就需要提高城市规划和管理

的机构能力。在中国高速城市化的进程中,城市体系规划的地域边界不断扩展,研究层次日益丰富,呈现出从城市到城乡、从行政区域到跨界区域不断拓展的趋势。在应用和借鉴西方城市规划理论与本地实践的基础上,中国城市体系规划创新性地形成了以"三结构,一网络"为核心的内容范式,并在实践中不断地加以扩充和丰富,以适应不同时期的发展需求。在新中国成立以后,我国城市规划目标由资源利用型、问题导向型到目标需求型进行演变,不断解决城市发展问题和有效指导地区发展。20世纪90年代中期,我国行政体制改革的重点是转变职能职能,区域规划、国土规划、城镇体系规划等"区域型规划"职能分属不同的部门管辖,但是由于各规划没有明确的职能界定,因此造成后来在区域层面各种规划重叠并存的现象,这也使城市区域土地空间产生浪费。

一是做好"多规合一"的工作探索。近年来为解决区域层面规划编制、实施与管理的混乱局面,许多地区开始了"多规合一"的工作探索,例如海南就是最先一批开始试点多规合一的区域,在规划组织形式、规划内容体系以及技术方法等方面都有较大的创新和突破,改变目前多规并存的混乱局面,建立起统一的国家空间规划体系是我国国土规划的必然趋势和结果。同时,地方人民政府要组织编制绿化相关规划,与国土空间规划相衔接,叠加至同级国土空间规划"一张图",实现多规合一。总之,若更好地做好城市规划和开发管理,城市土地空间效率将提高,更多的土地将用于植被种植及生态保护,这为区域生态环境的可持续发展提供了巨大的空间。

二是做好新型城镇化建设和管理工作。2014年3月,中共中央、国务院发布了《国家新型城镇化规划(2014—2020年)》。2021年6月22日,国家发展改革委规划司组织召开《国家新型城镇化规划(2021—2035年)》专家咨询委员会会议,围绕我国城镇化发展趋势、发展目标、重点领域发展方向等问题提出了意见建议。同时,各地依据《国家新型城镇化规划(2021—2035年)》也陆续出台了地方省份的《×××新型城镇化规划(2021—2035年)》。一方面,要不断推进以人为核心的新型城镇化建设,推动城市化水平和质量稳步提升。另一方面,国土空间布局要形成以生态优先、绿色发展为导向,国土空间布局要最大限度保护生态环境,最大程度培植绿色发展优势,科学划定城镇开发边界,合理确定城镇开发边界集中建设区规模,增加城市发展灵活性和弹性。

7.4 加强植被资源保护工程建设，精准提升植被资源质量

由植被覆盖的时空演变、区域差异及动态演进分析可知,我国植被覆盖整体呈波动上升的趋势,但区域差异较大。尽管我国国土绿化建设成效显著,但总体上仍然是缺林少绿的国家,森林覆盖率远低于全球31%的平均水平,人均森林面积仅为世界人均水平的四分之一。目前全国自然条件好的地方已经基本绿化,继续增加林草资源的难度越来越大,同时也面临着国土绿化工程项目缺乏系统观念、林草资源质量偏低等突出问题,严重制约着我国国土绿化高质量发展。因此,针对这些问题提出以下夯实国土绿化建设工程建设的对策建议。

一是增强国土绿化工程建设的系统观念。首先,国土绿化是一项复杂的系统工程,《国务院办公厅关于科学绿化的指导意见》要求统筹山水林田湖草沙系统治理,走科学、生态、节俭的绿化发展之路。山水林田湖草沙是一个生命共同体,需要从生态系统体系出发,推进山水林田湖草沙一体化保护和修复,更加注重综合治理、系统治理、源头治理。其次,要统筹治水和治山、治水和治林、治水和治田、治山和治林等问题,用系统论的思想综合看待问题。目前的国土绿化工程项目缺乏综合治理措施,影响治理成效,存在就林说林、就草说草的单一建设问题,要重视水资源、土壤、光热、原生物种等自然禀赋对国土绿化的影响,科学选择林草植被种类和恢复方式,确保造林种草成活率和保存率,提升区域整体生态系统服务功能。

二是重视生态保护,提升林草资源质量。目前,我国自然生态系统总体仍较为脆弱,经济发展所导致的生态保护压力依然较大,有些地区重视经济发展,轻视生态保护所积累的矛盾愈加凸显。首先,应加强草原生态保护修复力度,全国草原生态系统整体仍较脆弱,中度和重度退化面积仍然较大,扎实做好退牧还草、退耕还草的工程,做好退化草原改良、毒害草治理等工作,制定适用于各类型草原的施肥、补播等草原改良技术规程和建设标准,完善草原资源质量监测技术手段,推进草原改良和质量评价的研究与应用。其次,针对不同类型、不同发育阶段的林分特征,科学采取抚育间伐、补植补造、

人工促进天然林更新等措施,逐步解决林分过疏、过密等结构不合理问题。大力推进天然林修复,以自然恢复为主,人工促进为辅,采取人工造林、抚育、补植补造、封育等措施,改善天然林结构,促进天然林质量提升。切实转变森林经营利用方式,推动采伐利用由轮伐、皆伐等向渐伐、择伐等转变,确保森林恒续覆盖,提升森林生态系统的质量和稳定性。

7.5 发挥城市集群的集聚效应,促进植被覆盖均衡发展

当前,中国的城市化以前所未有的速度和规模在发展,对生态系统的影响日益加深,尤其是对植被的破坏不仅仅体现在城市内部,对森林腹地等也有严重的破坏,例如在城市化进程中常伴随着城市扩张、房地产开发、道路建设、开山采矿等土地和资源的需求,使得这些生态脆弱区域遭到破坏,自然生态过程被阻断。而这些包括植被在内的生态环境问题复杂多样,涉及从全国、城市到社区的各种空间尺度,如果各地区仅仅单独治理,可持续的目标是不可能实现的。由于城市化的节点之间通常被农村地区所分隔,而规模小的城市区域普遍缺乏绿化设施和资金,同时单个地区仅可以改善自己的环境,然而植被破坏往往引起水土流失、气候变化、生物多样性等跨区域的问题,需要更广泛的治理形式、管理机制以及更多人的技术和资金的相适应。显然,植被的改善要求各区域的植被改善政策、标准和实践应紧密结合在一起,各级政府都要紧急行动,克服历史、文化和经济发展程度的差异,加强区域合作、协同和承诺,促进区域可持续发展。

一是从发挥城市集群的集聚效应的主要路径来看:第一,在整个城市群中突破行政区划体制束缚,部署综合性城市绿化基础设施和服务,城市集群就是将众多城市和乡镇置于一个城市区域内,综合利用城市基础设施和服务整个区域内的城市和乡镇。第二,提供城市集群发展所需的资金和其他资源,通过协调城市集群之间发展项目,吸引私营企业为地区项目提供资金,尤其是聚焦于环境保护和生态建设的项目。第三,加强区域内城市化和农村地区的联系,通过城市集群把乡镇、小城市和大城市通过集群联系起来,通过使国土空间的规划实现统筹发展,增强辐射带动作用,促进区域协调发展。第

四,对于巨型城市区域,要统一不同层级的管理框架,例如在政府部门包括国家、地区、城市集群、城市、区等,同时统一政府部门的功能分化包括公共工程、交通道路和环境控制等,这种巨型城市区域内管制的碎片化所引起的诸多问题对区域的绿化发展带来了重大挑战。

二是持续开展国家森林城市建设、村庄清洁行动和绿美村庄、森林乡村建设。第一,要重视森林的生态功能,发挥森林的空气治理、减缓城市热岛效应、促进居民健康方面的作用,改变绿化思维,要形成一个近自然系统,充分发挥森林的生态效应。第二,对于乡村绿化要采取生态经济型、生态景观型、生态园林型等多种模式,并形成郊区观光、采摘、休闲等多种形式的旅游和林木种苗、花卉等特色生态产业健康发展。

结　论

　　伴随着全球城市化的快速发展,城市化与生态环境的协调发展问题已成为全球共同面临的重大问题。本文针对中国城市化进程中植被覆盖的时空演变规律及城市化进程如何影响植被覆盖的问题进行了研究,深入讨论了城市化进程对植被覆盖的影响效应和作用机制。本文首先结合已有文献的研究,明确了城市化进程的内涵和基本特征,以城市化速度和城市化质量两个层面为切入,在此基础上构建了一个城市化进程影响植被覆盖的逻辑分析框架,并通过计量经济模型对二者之间的关系进行实证检验。最后,结合本文的分析和实证结论,提出提升植被覆盖水平的策略路径。本文的主要结论如下:

　　第一,结合现有文献研究和城市发展实践,本文使用城市化速度和城市化质量来刻画城市化进程中的两个侧面,来反映我国城市化进程的全貌。城市化进程在多尺度上推动了植被覆盖的发展,一方面通过经济社会活动作用于植被覆盖,另一方面通过保护政策等措施改善植被覆盖水平。因此,城市化进程对植被覆盖的影响是复杂的,进一步梳理了城市化进程对植被覆盖可能的传导路径,并总结出城市化进程可能通过道路建设、产业结构升级和保护政策来影响植被覆盖水平,为后文的实证分析奠定了理论基础。

　　第二,植被覆盖的时空演变结果表明,从时间维度来看,从2000—2019年,我国植被覆盖整体呈现波动上升的趋势,不同等级植被覆盖呈现由中等、中高植被覆盖向高植被覆盖逐渐演进的趋势。从空间维度来看,在空间上呈现出"东部高、西部低"的整体分布格局,从东到西我国生态脆弱性增强。从不同区域来看,东中西和东北四个地区都呈现出整体上升的趋势。从各省份变化来看,总体上各省份植被NDVI指数均值差异不大,但个别省份植被NDVI指数均值较小;二是利用Dagum基尼系数公式,对植被覆盖的区域差异进行了统计分析,包括全国植被覆盖的总体Dagum基尼系数和四大地区的区域内差异、区域间差异和超变密度等内容,从而考察中国植被覆盖的区域差异情况。结果表明:从整体差异来看,中国植被覆盖的总体地区差异呈现缩减趋势。从地区内差异来看,东部地区内部差异呈现增加趋势,中西和东北地区内部差异呈现减小趋势。从地区间差异来看,除东—东北地区区域间差距在不断扩大,其他地区整体上差异基本保持不变或差距在逐渐缩小,区域间植被覆盖发展协调。从地区差异来源及贡献率来看,区域间差异是植被覆盖差异的主要来源,并在波动中逐渐下降。三是利用 Kernel 密度函数,对植被覆盖绝对差异和动态演进情况进行分析。包括全国和四大地区的植被覆盖的 Kernel 密度估计内容,为后续植被覆盖问题研究提供良好的基础。从全国植被覆盖的动态演进来看,全国植被覆盖在提高且表现出绝对差异减小的趋势。从区域的动态演进来看,除西部地区植被覆盖两极分化趋势越来越明显,存在区域差异且绝对差异并未有缩小的趋势,其他东部、中部和东北地区,植被覆盖整体在提高,且表现出绝对差异不断缩小的趋势。从本章研究可以看出我国植被覆盖仍然存在着地域性差异,但这一差距已经逐渐减小。

第三,城市化进程促进了植被覆盖水平的提升。首先利用城市化水平的年变化情况测度了城市化速度,利用熵权法从经济发展、基础设施、居民生活、社会发展、生态环境五个维度测度了城市化质量综合指标,旨在用城市化速度和城市化质量来反映城市化进程情况。然后在此基础上通过构建计量经济模型对城市化进程对植被覆盖的影响效应进行实证检验。实证结果发现:城市化速度对植被覆盖没有显著的促进作用,而城市化质量对植被覆盖具有显著的正向促进作用,这说明在城市化进程中城市化质量对植被覆盖的提升具有积极意义;同时,城市化质量对植被覆盖影响具有地区异质性,在中部、西部和东北地区城市化质量对植被覆盖水平产生了促进作用,而在东部地区城市化质量对植被覆盖未产生明显的作用;并且城市化质量五个维度对整体植被覆盖和区域植被覆盖均具有促进作用。此外,通过剔除异质性样本、替换被解释变量和核心解释变量、更换估计模型三种方法进行稳健性检验,仍然表明实证结论具有稳健性。进一步将解释变量滞后处理和利用工具变量进行估计发现,内生性问题并不影响本书的基本结论。

第四,道路建设、产业结构和保护政策是城市化进程促进植被覆盖提升的传导路径。通过构建中介效应模型和变量交互项对效应机理进行检验。

研究结果显示:利用道路里程作为中介变量进行回归,发现城市化进程能够通过道路建设促进植被覆盖的提升,城市化进程通过道路建设影响植被覆盖的过程中发挥的中介效应为 49.39%,同时,西部地区城市化进程通过道路建设影响植被覆盖的过程中发挥的中介效应为 32.51%;东北地区城市化进程通过道路建设影响植被覆盖的过程中发挥的中介效应 51.21%;中部地区城市化进程通过道路建设影响植被覆盖的过程中发挥的中介效应为44.62%。在城市化与产业结构的交互项对植被覆盖的影响系数显著为正,说明城市化进程通过产业结构升级影响植被覆盖的过程中发挥了积极的促进作用。同时,在以保护政策为机制的分析中,城市化进程能够通过保护政策提升植被覆盖水平,营林固定资产投资占 GDP 比重越大,则城市化进程对植被覆盖水平的改善作用越大。此外,在拓展分析中,通过门槛效应模型发现城市化进程对植被覆盖水平存在单一门槛现象,2002 年之前城市化进程与植被覆盖水平存在显著的负相关关系,城市化进程阻碍植被覆盖水平的提升;从 2003 年开始城市化进程与植被覆盖水平存在显著的正相关关系,城市进程促进植被覆盖水平的提升,说明城市化进程与植被覆盖水平之间确实存在非线性影响关系。

参考文献

[1] ARROW K,BOLIN B,COSTANZA R,et al.Economic growth,carrying capacity,and the environment[J].Science,1996,1(5210):104-110.

[2] FOSTER A D,ROSENZWEIG M R.Economic Growth and the Rise of Forests[J].Quarterly Journal of Economics,2003(2):601-637.

[3] STERN D I,COMMON M S,BARBIER E B.Economic growth and environmental degradation:The environmental Kuznets curve and sustainable development[J].World Development,1996,24.

[4] 刘宪锋,潘耀忠,朱秀芳,等.2000—2014年秦巴山区植被覆盖时空变化特征及其归因[J].地理学报,2015,70(05):705-716.

[5] FENG D R,YANG C,FU M C,et al.Do anthropogenic factors affect the improvement of vegetation cover in resource-based region? [J].Journal of Cleaner Production,2020,271(2):122705.

[6] WHITE M D,GREER K A.The effects of watershed urbanization on the stream hydrology and riparian vegetation of Los Peñasquitos Creek,California[J].Landscape & Urban Planning,2006.

[7] 孙锐,陈少辉,苏红波.2000—2016年黄土高原不同土地覆盖类型植被NDVI时空变化[J].地理科学进展,2019,38(08):1248-1258.

[8] BAI X,CHEN J,SHI P.Landscape Urbanization and Economic Growth in China:Positive Feedbacks and Sustainability Dilemmas[J].Environmental Science & Technology,2012,46(1):132-139.

[9] BADRELDIN N,HATAB A A,LAGERKVIST C J.Spatiotemporal dynamics of urbanization and cropland in the Nile Delta of Egypt using machine learning and satellite big data:implications for sustainable development[J].Environmental Monitoring and Assessment,2019,191(12):

767.1-767.23.

[10] HOU H,WANG R C,MURAYAMA Y.Scenario-based modelling for urban sustainability focusing on changes in cropland under rapid urbanization:A case study of Hangzhou from 1990 to 2035-Science Direct[J]. Science of The Total Environment,2019,661:422-431.

[11] KELES S,SIVRIKAYA F,CAKIR G,et al.Urbanization and forest cover change in regional directorate of Trabzon forestry from 1975 to 2000 using landsat data[J].Environmental Monitoring& Assessment, 2008,140(1-3):1-14.

[12] LESSARD J P,BUDDLE C M. The effects of urbanization on ant assemblages (Hymenoptera:Formicidae) associated with the Molson Nature Reserve,Quebec[J].Canadian Entomologist,2005,137(02):215-225.

[13] DONOHUE R J,RODERICK M L,MCVICAR T R,et al.Impact of CO_2 fertilization on maximum foliage cover across the globe's warm, arid environments[J].Geophysical Research Letters,2013,40(12).

[14] LI D,WU S Y,LIANG Z,et al.The impacts of urbanization and climate change on urban vegetation dynamics in China[J].Urban Forestry & Urban Greening,2020,54:126764.

[15] MCMURTRIE R E,NORBY R J,MEDLYN B E,et al.Why is plant-growth response to elevated CO_2 amplified when water is limiting,but reduced when nitrogen is limiting? A growth-optimisation hypothesis [J].Functional Plant Biology,2008,35(6):521-534.

[16] WANG Y,ZHOU L H,YANG G J,et al.Performance and Obstacle Tracking to Natural Forest Resource Protection Project:A Rangers' Case of Qilian Mountain,China[J].International Journal of Environmental Research and Public Health,2020,17(16):5672.

[17] PIAO S L,WANG X H,PARK T.Characteristics,drivers and feedbacks of global greening[J].Nature Reviews Earth & Environment,2019,1(1763): 1-14.

[18] PIAO S,YIN G,TAN J,et al.Detection and attribution of vegetation greentring trend in china over the last 30 year[J].Glob chang Biol,

2015,21(4):1601-1609.

[19] 史丹,王俊杰.基于生态足迹的中国生态压力与生态效率测度与评价[J].中国工业经济,2016(05):5-21.

[20] GROSSMAN G M,KRUEGER A B.Economic Growth and the Environment[J]. The Quarterly Journal of Economics, 1995, 110 (2): 353-377.

[21] KIRBY K R,LAURANCE W F,ALBERNAZ A K,et al.The future of deforestation in the Brazilian Amazon[J].Futures,2006,38(4):432-453.

[22] PACHECO C J,RAMOS,LIMA P M,et al.Deforestation Dynamics on an Amazonian Peri-Urban Frontier:Simulating the Influence of the Rio Negro Bridge in Manaus,Brazil[J].Environmental management,2018.

[23] BARNOSKY A D,MATZKE N,TOMIYA S,et al. Has the Earth's sixth mass extinction already arrived? [J].Nature,2011,471(7336):P. 51-57.

[24] CLEMENT M T, CHI G, HO H C. Urbanization and Land-Use Change:A Human Ecology of Deforestation Across the United States, 2001—2006[J].Sociological Inquiry,2015,85(4):628-653.

[25] CHEN C,PARK T,WANG X,et al.China and India lead in greening of the world through land-use management[J]. Nature Sustainability, 2019,2:122-129.

[26] DU J Q,FU Q,FANG S F,et al.Effects of rapid urbanization on vegetation cover in the metropolises of China over the last four decades[J]. Ecological indicators,2019,107(Dec.):105458.1-105458.11.

[27] WU S Y,LIANG Z,LI S C,et al.Relationships between urban development level and urban vegetation states:A global perspective[J].Urban Forestry & Urban Greening,2019,38:215-222.

[28] SETO K C,GIINERALP B,HUTYRA L R.Global forecasts of urban expansion to 2030 and direct impacts on biodiversity and carbon pools [J].Proceedings of the National Academy of ences of the United States of America,2012,109(40):16083-16088.

[29] FRASER L,PITHER J,JENTSCH A,et al.Worldwide evidence of a u-

nimodal relationship between productivity and plant species richness [J].Science,2016,351(6272):457-457.

[30] BRONDÍZIO E S,SETTELE J,DIAZ S,et al.Global assessment report on biodiversityand ecosystem services of the Intergovernmental Science-Policy Platform on Biodiversity and Ecosystem Services,2021: 20-30.

[31] ARONSON M,SORTE F A L,NILON C,et al.A global analysis of the impacts of urbanization on bird and plant diversity reveals key anthro-pogenic drivers[J].Proceedings of the Royal Society B:Biological Sci-ences,2014,281(1780):20133330.

[32] QIN D H,DING Y J,MU M.Climate and Environmental Change in China: 1951—2012[M].Springer Environmental Science & Engineering,2016: 1-20.

[33] REN G Y,LI J,REN Y Y,et al.An Integrated Procedure to Determine a Reference Station Network for Evaluating and Adjusting Urban Bias in Surface Air Temperature Data[J].Journal of Applied Meteorology & Climatology,2015,54(6):150326122910004.

[34] REN G Y,ZHOU Y Q,ZHOU J X,et al.Urbanization Effects on Ob-served Surface Air Temperature Trends in North China[J].Journal of Climate,2008,21(6):1333-1348.

[35] BART I L.Urban sprawl and climate change:A statistical exploration of cause and effect,with policy options for the EU[J].Land Use Policy, 2010,27(2):283-292.

[36]《第三次气候变化国家评估报告》编写委员会.第三次气候变化国家评估报告[M].科学出版社,2015.

[37] SUN Y,ZHANG X B,REN G Y,et al.Contribution of urbanization to warming in China[J].Nature Climate Change,2016.

[38] DESA.World Urbanization Prospects-The 2007 Revision[M].UN New York,2008.

[39] JONES D.How urbanization affects energy-use in developing countries [J].Energy Policy,1991,19:621-630.

[40] YORK R.Demographic trends and energy consumption in European Union Nations, 1960—2025[J].Social Science Research, 2007, 36 (3): 855-872.

[41] LIDDLE B.Demographic dynamics and per capita environmental impact: using panel regressions and household decompositions to examine population and transport[J].MPIDR Working Papers, 2003, 26(1): 23-39.

[42] MARTÍNEZ-ZARZOSO I, MARUOTTI A.The impact of urbanization on CO_2 emissions: Evidence from developing countries[J].Ecological Economics, 2011, 70(7): 1344-1353.

[43] POUMANYVONG P, KANEKO S.Does urbanization lead to less energy use and lower CO_2 emissions? A cross-country analysis[J].Ecological Economics, 2010, 70(2): 434-444.

[44] ROSEGRANT M.Impact on food security and rural development of transferring water out of agriculture[J].Water Policy, 2012, 1 (6): 567-586.

[45] 中华人民共和国水利部.中国水资源公报[M].中国水利水电出版社, 2018.

[46] VATANPOUR N, MALVANDI A M, TALOUKI H H, et al.Impact of rapid urbanization on the surface water's quality: a long-term environmental and physicochemical investigation of Tajan river, Iran (2007—2017)[J].Environmental Science and Pollution Research, 2020, 27(8): 8439-8450.

[47] ZHAO H X, DUAN X J, STEWART B, et al.Spatial correlations between urbanization and river water pollution in the heavily polluted area of Taihu Lake Basin, China[J].Journal of Geographical Sciences, 2013.

[48] 邵帅,李欣,曹建华.中国的城市化推进与雾霾治理[J].经济研究, 2019, 54(02): 148-165.

[49] 高江波,焦珂伟,吴绍洪.1982—2013年中国植被NDVI空间异质性的气候影响分析[J].地理学报, 2019, 74(03): 534-543.

[50] 刘少华,严登华,史晓亮,等.中国植被NDVI与气候因子的年际变化及相关性研究[J].干旱区地理, 2014, 37(03): 480-489.

[51] 陈超男,朱连奇,田莉,等.秦巴山区植被覆盖变化及气候因子驱动分析

[J].生态学报,2019,39(09):3257-3266.

[52] 王艳召,王泽根,王继燕,等.近20年中国不同季节植被变化及其对气候的瞬时与滞后响应[J].地理与地理信息科学,2020,36(04):33-40+76.

[53] 马梓策,于红博,曹聪明,等.中国植被覆盖度时空特征及其影响因素分析[J].长江流域资源与环境,2020,29(06):1310-1321.

[54] URBAN,MARK C.Accelerating extinction risk from climate change [J].Science,2015,348(6234):6571-6573.

[55] MICHALETZ S T,CHENG D L,et al.Convergence of terrestrial plant production across global climate gradients[J].NATURE,2014.

[56] BROHAN P,KENNEDY J J,HARRIS I,et al.Uncertainty estimates in regional and global observed temperature changes:A new data set from 1850[J].Journal of Geophysical Research:Atmospheres,2006,111 (D12):-.

[57] DEL BARRIO G,PUIGDEFABREGAS J,SANJUAN M E,et al. Assessment and monitoring of land condition in the Iberian Peninsula, 1989—2000[J].Remote Sensing of Environment,2010,114(8):1817-1832.

[58] LIN Y Y,QIU R Z,YAO J X,et al.The effects of urbanization on China's forest loss from 2000 to 2012:Evidence from a panel analysis [J].Journal of Cleaner Production,2019.

[59] IMHOFF M L,BOUNOUA L,DEFRIES R,et al.The consequences of urban land transformation on net primary productivity in the United States[J].Remote Sensing of Environment,2001,89(1):434-443.

[60] GUAN X B,SHEN H F,LI X H,et al.A long-term and comprehensive assessment of the urbanization-induced impacts on vegetation net primary productivity.[J].The Science of the total environment,2019,669: 342-352.

[61] 刘金龙,郭华东,张露,等.京津唐地区城市化对植被物候的影响研究 [J].遥感技术与应用,2014(2):286-292.

[62] 刘斌,孙艳玲,王中良,等.华北地区植被覆盖变化及其影响因子的相对作用分析[J].自然资源学报,2015,30(1):12-23.

[63] 王兮之,梁钊雄.基于MODIS数据的湟水流域植被覆盖变化研究[J].干

旱区资源与环境,2010,24(6):137-142.

[64] 戴声佩,张勃,王海军,等.基于 SPOT NDVI 的祁连山草地植被覆盖时空变化趋势分析[J].地理科学进展,2010(9):1075-1080.

[65] 冯莉莉,何贞铭,刘学锋,等.基于 MODIS-NDVI 数据的吉林省植被覆盖度及其时空动态变化[J].中国科学院大学学报,2014,31(04):492-499.

[66] 张莲芝,李明,吴正方,等.基于 SPOTNDVI 的中国东北地表植被覆盖动态变化及其机理研究[J].干旱区资源与环境,2011,25(01):171-175.

[67] 李景刚,何春阳,史培军,等.基于 DMSP/OLS 灯光数据的快速城市化过程的生态效应评价研究——以环渤海城市群地区为例[J].遥感学报,2007,11(01):115-126.

[68] 安佑志,刘朝顺,施润和,等.基于 MODIS 时序数据的长江三角洲地区植被覆盖时空变化分析[J].生态环境学报,2012,21(12):1923-1927.

[69] 史永姣,吕洁华.中国城市化推进与生态环境[J].税务与经济,2022(02):98-105.

[70] MATHER A S.The Forest Transition[J].Area,1992,24(4):367-379.

[71] RUDEL T K.Did a green revolution restore the forests of the American South? [M].2001.

[72] CULAS R J.REDD and forest transition:Tunneling through the environmental Kuznets curve[J].Ecological Economics,2012,79(Jul.):44-51.

[73] 李凌超,李心斐,程宝栋,等.基于环境库兹涅茨曲线的中国森林转型分析[J].世界林业研究,2016,29(04):56 61.

[74] 程东亚,李旭东.喀斯特地区植被覆盖度变化及地形与人口效应研究[J].地球信息科学学报,2019,21(08):1227-1239.

[75] 李薇,谈明洪.西南山区人口空间重组及其对植被的影响——以河流沿线为例[J].生态学报,2018,38(24):8879-8897.

[76] 李凌超,刘金龙,程宝栋,等.中国劳动力转移对森林转型的影响[J].资源科学,2018,40(08):1526-1538.

[77] 吴艳玲.短花针茅草原群落特征与空间异质性对放牧强度季节调控的响应[D].呼和浩特:内蒙古农业大学,2012.

[78] 朱爱民,韩国栋,康静,等.长期不同放牧强度下短花针茅荒漠草原物种

多样性季节性动态变化[J].草地学报,2019,27(04):1013-1021.

[79] 赵钢,曹子龙,李青丰.春季禁牧对内蒙古草原植被的影响[J].草地学报,2003,11(02):183-188.

[80] 杨汝荣.关于退牧还草的意义和技术标准问题探讨[J].草业科学,2004,21(02):41-44.

[81] 韩天文,张波,张卫国.酒泉市"退牧还草"工程对植被恢复的影响[J].草业科学,2009,26(02):27-32.

[82] 王岩春,干友民,费道平,等.川西北退牧还草工程区围栏草地植被恢复效果的研究[J].草业科学,2008(10):15-19.

[83] 王国惠,韩克勇.黄土高原地区的政府治理、生态环境与经济高质量发展[J].税务与经济,2021(03):89-94.

[84] 唐见,曹慧群,陈进.生态保护工程和气候变化对长江源区植被变化的影响量化[J].地理学报,2019,74(01):76-86.

[85] 武金洲,郑晓,高添,等.三北防护林体系建设工程对科尔沁沙地社会经济影响的定量分析[J].生态学杂志,2020,39(11):3567-3575.

[86] 尤南山,董金玮,肖桐,等.退耕还林还草工程对黄土高原植被总初级生产力的影响[J].地理科学,2020,40(02):315-323.

[87] 申丽娜,孙艳玲,杨艳丽,等.基于NDVI的三北防护林工程区植被覆盖度变化图谱特征[J].环境科学与技术,2017,40(04):70-77+106.

[88] 王德利,方创琳,杨青山,等.基于城市化质量的中国城市化发展速度判定分析[J].地理科学,2010,30(05):643-650.

[89] 徐维祥,徐志雄,郑金辉,等.城市化质量的空间特征及其门槛效应研究[J].城市问题,2020(02):22-30.

[90] TUCKER C J.Red and photographic infrared linear combinations for monitoring vegetation[J].Remote Sensing and Environment,1979,8(2):127-150.

[91] 郭铌.植被指数及其研究进展[J].干旱气象,2003,21(04):71-75.

[92] 王静,王克林,张明阳,等.南方丘陵山地带NDVI时空变化及其驱动因子分析[J].资源科学,2014,36(08):1712-1723.

[93] 张敏,曹春香,陈伟.基于MODISNDVI数据的广西植被覆盖时空变化遥感诊断[J].林业科学,2019,55(10):27-37.

[94] 黎铭,张会兰,孟铖铖,等.皇甫川流域 2000—2015 年植被 NDVI 时空变化特征[J].林业科学,2019,55(08):36-44.

[95] World Commission on Environment and Development. Our Common Future[M].Oxford:Oxford University Press,1987.

[96] WCED.Our Common Future (The Brundtland Report)[J].1987:1-300.

[97] ENGEL J R,ENGEL J G.Ethics of environment and development: global challenge,international response[J].Ethics of Environment & Development Global Challenge International Response,1990.

[98] BUTTEL T H. Ecological modernization as social theory [J]. Geoforum,2000,31:57-65.

[99] SPAARGAREN G,MOL A P J,BUTTEL F H.Introduction:Globalization,Modernity and the Environment[J].Environment Global Modernity,2000,1-16.

[100] SPAARGAREN G.Ecological Modernization Theory and the Changing Discourse on Environment and Modernity[J].Environment & Global Modernity,2000:41-73.

[101] JANICKE M.Ecological modernisation:new perspectives[J].Journal of Cleaner Production,2008,16(5):557-565.

[102] HAJER M A.The Politics of Environmental Discourse[M].1995.

[103] DANTZING G B,SAATY T L.Compact city:a plan for a liveable urban environment.W.H.Freeman,1973.

[104] CATALOGUE C S.Green Paper on the Urban Environment,1990.

[105] 迈克·詹克斯.紧缩城市:一种可持续发展的城市形态[M].中国建筑工业出版社,2004.

[106] ELKIN T,MCLAREN D,HILLMAN M.Reviving the city:towards sustainable urban development.1991.

[107] BURTON E.The Compact City:Just or Just Compact? A Preliminary Analysis[J].Urban Studies,2000,37(11):1969-2006.

[108] GROSSMAN G M,KRUEGER A B.Environmental Impacts of a North American Free Trade Agreement[J].CEPR Discussion Papers, 1992,8(2):223-250.

[109] PANAYOTOU T.Empirical Tests and Policy Analysis of Environmental Degradation at Different Stages of Economic Development[J]. Pacific and Asian Journal of Energy,1993,4(1).

[110] DINDA S,COONDOO D,PAL M.Air quality and economic growth: an empirical study[J].Ecological Economics,2000,34(3):409-423.

[111] DIJK J V.Economic growth and global particulate pollution concentrations[J].Climatic Change,2016,142(3-4):1-16.

[112] NORTHAM R M.Urban Geography[M].New York:John Wiley & Sons,1997,65-67.

[113] 赵晶,高照良,蔡艳蓉.高速公路建设对土地利用类型的影响及其生态服务价值评估——以陕西省5个典型区域为研究对象[J].水土保持研究,2011,18(03):226-231+237.

[114] 杨建林,徐君.经济区产业结构变动对生态环境的动态效应分析——以呼包银榆经济区为例[J].经济地理,2015,35(10):179-186.

[115] MARIA B,MONIA M,EMAN H,et al.The First Comprehensive Accuracy Assessment of GlobeLand30 at a National Level:Methodology and Results[J].Remote Sensing,2015,7(4):4191-4212.

[116] BURGESS R,HANSEN M,OLKEN B,et al.The Political Economy of Deforestation in the Tropics[J].STICERD-Economic Organisation and Public Policy Discussion Papers Series,2012,127(4):1707-1754.

[117] CHAKRABORTY A,SESHASAI M V R,et al.Persistent negative changes in seasonal greenness over different forest types of India using MODIS time series NDVI data (2001—2014)[J].ECOL INDIC,2018.

[118] LIANG L Z,CHEN F,SHI L,et al.NDVI-derived forest area change and its driving factors in China[J].PLOS ONE,2018,13(10).

[119] VICKERS H,HGDA K A,SOLB S,et al.Changes in greening in the high Arctic:insights from a 30 year AVHRR max NDVI dataset for Svalbard[J].Environmental Research Letters,2016,11(10).

[120] 李超,李雪梅.2000~2018年中国植被生态质量时空变化特征[J].长江流域资源与环境,2021,30(09):2154-2165.

[121] 刘华军,何礼伟,杨骞.中国人口老龄化的空间非均衡及分布动态演进:

1989～2011[J].人口研究,2014,38(02):71-82.

[122] 陈景华,王素素,陈敏敏.中国服务业 FDI 分布的区域差异与动态演进:2005～2016[J].数量经济技术经济研究,2019,36(05):118-132.

[123] 魏雯雯.城市化进程的评价方法研究[D].成都:四川师范大学,2011.

[124] 方创琳,王德利.中国城市化发展质量的综合测度与提升路径[J].地理研究,2011,30(11):1931-1946.

[125] 周启良.中国新型城市化质量测度与比较研究——基于 286 个地级及以上城市的熵值分析法[J].西安石油大学学报(社会科学版),2020,29(06):8-18.

[126] 韩贵锋,徐建华.人口与经济发展对植被的影响研究——以重庆市为例(英文)[J].长江流域资源与环境,2008(05):785-792.

[127] 王子玉,许端阳,杨华,等.1981—2010 年气候变化和人类活动对内蒙古地区植被动态影响的定量研究[J].地理科学进展,2017,36(08):1025-1032.

[128] 赵安周,张安兵,刘海新,等.退耕还林(草)工程实施前后黄土高原植被覆盖时空变化分析[J].自然资源学报,2017,32(03):449-460.

[129] ARELLANO M,BOND S.Some Tests of Specification for Panel Data:Monte Carlo Evidence and an Application to Employment Equations[J].Review of Economic Studies,1991,58.

[130] CHIRISA I.Population growth and rapid urbanization in Africa:Implications for sustainability[J].journal of sustainable development in africa,2008.

[131] 孙传旺,罗源,姚昕.交通基础设施与城市空气污染——来自中国的经验证据[J].经济研究,2019,54(08):136-151.

[132] 温忠麟,叶宝娟.中介效应分析:方法和模型发展[J].心理科学进展,2014,22(05):731-745.

[133] HANSEN B E.Threshold effects in non-dynamic panels:Estimation,testing,and inference[J].Journal of Econometrics,1999,93(2):345-368.